WERKSTATTBÜCHER

FÜR BETRIEBSANGESTELLTE, KONSTRUKTEURE UND FACH-
ARBEITER. HERAUSGEGEBEN VON DR.-ING. H. HAAKE, HAMBURG

Jedes Heft 50—70 Seiten stark, mit zahlreichen Textabbildungen

---

Die Werkstattbücher behandeln das Gesamtgebiet der Werkstattstechnik in kurzen selbständigen Einzeldarstellungen; anerkannte Fachleute und tüchtige Praktiker bieten hier das Beste aus ihrem Arbeitsfeld, um ihre Fachgenossen schnell und gründlich in die Betriebspraxis einzuführen.

Die Werkstattbücher stehen wissenschaftlich und betriebstechnisch auf der Höhe, sind dabei aber im besten Sinne gemeinverständlich, so daß alle im Betrieb und auch im Büro Tätigen, vom vorwärtsstrebenden Facharbeiter bis zum leitenden Ingenieur, Nutzen aus ihnen ziehen können.

Indem die Sammlung so den Einzelnen zu fördern sucht, wird sie dem Betrieb als Ganzem nutzen und damit auch der deutschen technischen Arbeit im Wettbewerb der Völker.

(Fortsetzung 3. Umschlagseite)

WERKSTATTBÜCHER

FÜR BETRIEBSANGESTELLTE, KONSTRUKTEURE UND FACH-
ARBEITER. HERAUSGEBER DR.-ING. H. HAAKE, HAMBURG

HEFT 105

Läppen

Von

Dr.-Ing. Hans H. Finkelnburg

Mettmann/Rhld.

Mit 100 Abbildungen

Springer-Verlag

Berlin / Göttingen / Heidelberg

1951

Inhaltsverzeichnis.

Anmerkung Wesentliche Erfahrungs- und Abbildungsunterlagen sind dem Verfasser dieses Buches in entgegen-
kommender Weise von der Firma Peter Wolters, Mettmann/Rhld., weiterhin Abbildungen
von den Firmen Hahn & Kolb, Hillmer und Norton zur Verfugung gestellt worden,
wofur den Firmen auch an dieser Stelle verbindlichst gedankt sei.

ISBN-13: 978-3-540-01601-4   e-ISBN-13: 978-3-642-87265-5

DOI: 10.1007/978-3-642-87265-5

20000 je Minute gehen kann. Mit diesem Verfahren lassen sich in oft sehr kurzen Zeiten Oberflächenverbesserungen erzielen. Dabei muß entweder ein grobkörniger Stein verwendet werden, der bei hoher Leistung und entsprechender Spanabnahme schlechtere Oberflächen liefert, oder ein sehr feinkörniger Stein, der hohe Oberflächengüten bei nur geringer Spanabnahme bringt.

3. Die Zweckmäßigkeit des einen oder anderen Arbeitsverfahrens ist abhängig von den technologischen Anforderungen an die Werkstücke, besonders an die Werkstückoberfläche. Hier muß zunächst beurteilt werden, ob *gerichtete* Arbeitsspuren zulässig sind oder ob *Kreuzspuren* günstiger wirken. Es muß weiter beurteilt werden, ob *kurze Arbeitszeiten* von größerer Wichtigkeit sind oder *hohe Formgenauigkeit*. Denn ein Verfahren wie das Honen

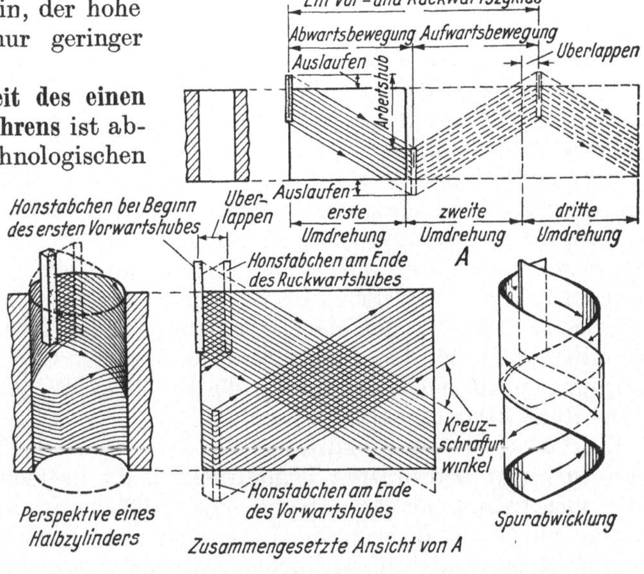

Abb. 4 Bewegungen des Werkzeuges und entstehendes Oberflachenbild beim Honen.

mit unter Federkraft gegen die Bohrungswand gedrückten Steinen bringt die Bohrung zwar schneller auf Fertigmaß als Läppen, ergibt aber nicht die hohe Formgenauigkeit, die beim Läppen erzielbar ist. Auch wird bei der Beurteilung der zweckmäßigsten Auswahl des Feinstbearbeitungsverfahrens die Frage der *Stückzahl* eine große Rolle spielen. Im Ausland entwickelte Feinziehschleifmaschinen sind vielfach auf bestimmte Werkstucke spezialisiert und daher fur kleine Serienfertigung weniger geeignet als Maschinen mit schneller Umstellbarkeit, wie man sie bei den Läppmaschinen findet.

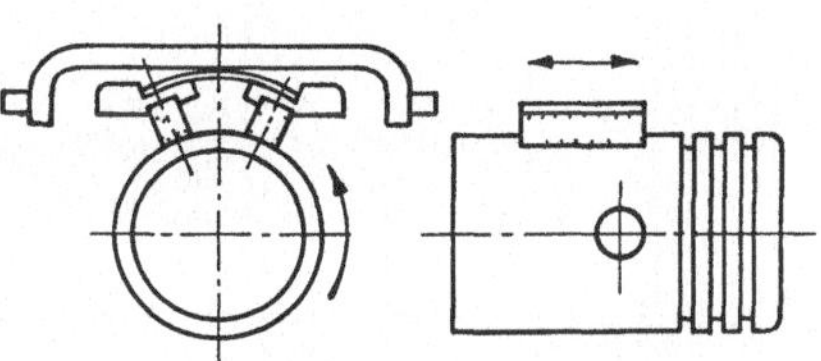

Abb. 5. Feinziehschleifen (Superfinish).

Die weiteren Ausführungen werden sich mit den Läppverfahren, den Läppmitteln und den Läppmaschinen befassen.

4. Zweck der Feinstbearbeitung. Viele Bauteile hochbeanspruchter oder schnelllaufender Maschinen müssen nach der allgemeinen spanabhebenden Bearbeitung noch einer besonderen Feinstbearbeitung unterworfen werden, um die von der Konstruktion gestellten Anforderungen hinsichtlich Maßeinhaltung, Formgenauigkeit, Oberflächenrauhigkeit, Verschleißfestigkeit und andere Forderungen erfüllen zu können. Da bei der Feinstbearbeitung die Spanabnahme in der Zeiteinheit gering ist, bleibt auch die Veränderung der Werkstückabmessungen klein. Es lassen sich also bei den in gewissen Zeitabständen aufeinander folgenden Messungen nur geringe Maßveränderungen feststellen. Dabei kann aber eine vorgeschriebene sehr enge Maßtoleranz verhältnismäßig leicht eingehalten werden, ohne dadurch den Arbeitsgang zu verteuern oder zu erschweren. Es kann erfolgreich nach dem

Zeitverfahren bearbeitet werden, da sich sehr schnell herausstellt, daß in einer bestimmten Zeit eine bestimmte Maßänderung erreicht wird. Danach kann man die notwendige Dauer der Feinstbearbeitung bestimmen und mit großer Sicherheit das gewünschte Maß erreichen. Dieses gilt ganz besonders beim Läppen ganzer Werkstückladungen, da trotz kurzer Arbeitszeit für das einzelne Stück die Ladungszeit verhältnismäßig groß wird. Wird bei einer Ladung beispielsweise eine Spanabnahme von 0,02 mm an jedem Werkstück in einer Ladungszeit von 10 Minuten erzielt, so bedeutet das die Abnahme von 1 μ in ½ Minute. Da sich der Arbeitsgang auf ½ Minute genau leicht begrenzen läßt, kann also die Bearbeitung auf 1 μ genau vorgenommen werden.

Neben der *Maßgenauigkeit* spielt bei der Feinstbearbeitung die *Formgenauigkeit* eine sehr große Rolle, sie ist vielfach vielleicht der Grund für die Anwendung speziell des Läppverfahrens. Denn hinsichtlich der erzielbaren Formgenauigkeit ist dieses den anderen Verfahren überlegen. Beim Läppen einer ebenen Fläche auf einer ebenen Läpp-Platte, gleichgültig ob von Hand oder maschinell, wird die Werkstückfläche wirklich genau eben. Und da die Läpp-Platte als Werkzeug ihre Form ebenfalls behält, werden auch alle nachfolgenden Werkstücke genau eben. Die Formgenauigkeit spielt eine sehr große Rolle bei Flächen, die bei Bewegung oder in der Ruhe belastet werden sollen.

Es ist klar, daß ein zylindrischer Zapfen in seinem zylindrischen Gleitlager nur dann die vorausberechneten Lagerdrücke nicht überschreitet, wenn er wirklich mit seiner ganzen Fläche auf der ganzen Fläche der Lagerschale aufliegt. Das ist aber nur der Fall, wenn der Lagerzapfen im Querschnitt ein wirklicher Kreis und im Längsschnitt ein wirklicher Zylinder und kein Kegel ist, und wenn die Lagerbohrung die gleichen Anforderungen erfüllt. Dasselbe gilt für viele andere Werkstücke, bei denen die Formgenauigkeit, d. h. die Einhaltung der von der Konstruktion vorgeschriebenen geometrischen Form, von großer Bedeutung ist.

Die Formgenauigkeit allein bringt aber keine ausreichende Laufeigenschaften. Hier spielt die Frage der *Oberflächenbeschaffenheit* eine sehr wesentliche Rolle. Abb. 6 zeigt Profilschnitte einer gedrehten, einer feinstgedrehten und einer geläpp-

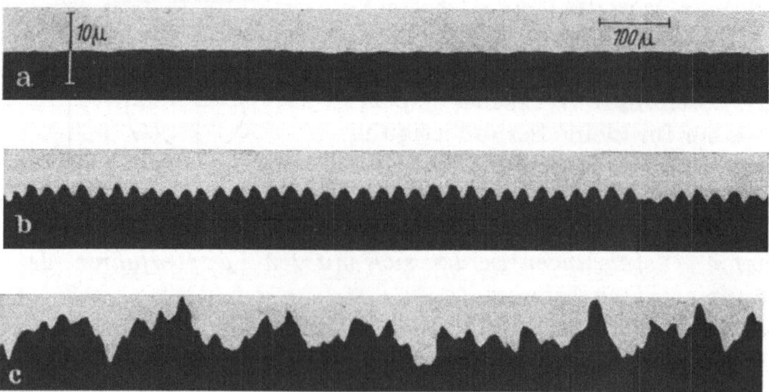

Abb. 6. Profilschnitte durch Oberflachen, die a) gelappt, b) feingedreht und c) gedreht sind.

ten Oberfläche. Es ist klar, daß eine gedrehte Oberfläche, selbst wenn sie absolut formgenau wäre, nur schlechte Laufeigenschaften hat, da ganz wenige aus der Oberfläche herausragende Spitzen allein tragen würden. An diesen Spitzen tritt ein sehr schneller Verschleiß ein, durch den die tragende Oberfläche vergrößert, zugleich aber die Werkstückabmessung verändert wird. Diese Erscheinung kann man beim Einlaufenlassen eines Automobilmotors verzeichnen.

Nach einer gewissen Einlaufzeit wird eine ausreichende tragende Fläche erzielt und diese bringt hinsichtlich des Verschleißes einen Beharrungszustand. Es darf aber nicht verkannt werden, daß die mit dem Beharrungszustand verbundene Maßveränderung außerhalb jeder Kontrolle liegt, worin allein schon ein unbefriedigender Zustand begründet ist. Die Feinstbearbeitung hat daher die sehr wichtige Aufgabe, durch Erzielung einer sehr günstigen Oberfläche mit hohem Traganteil den späteren Verschleiß gering zu halten. Die erzielbaren Vorteile gegenüber einer gedrehten Fläche und auch noch gegenüber einer feinstgedrehten Fläche verdeutlicht der Profilschnitt der geläppten Fläche in Abb. 6.

Neben diesen wichtigsten Aufgaben der Feinstbearbeitung gehen einige weitere nebenher. Die Oberfläche eines beispielsweise gedrehten Körpers ist praktisch um ein vielfaches größer als die Oberfläche des theoretischen Körpers. Entsprechend größer ist auch die *Korrosionsempfindlichkeit* und es ist eine erwiesene Tatsache, daß feinstbearbeitete Werkstücke gegen Korrosion beständiger sind als andere. Es hat sich auch erwiesen, daß gröber bearbeitete Werkstücke infolge der Werkstoffbeanspruchung in der Oberfläche feinste *Werkstoffzerstörungen* haben, die bei der Feinstbearbeitung abgetragen werden. Dieses ist mit ein Grund für die Einführung des Superfinishverfahrens bei einer der großen amerikanischen Automobilfabriken gewesen.

Es können also sehr viele verschiedene Gründe für die Einführung der Feinstbearbeitung sprechen. Die nachstehenden Ausführungen über das Läppen sollen nun zeigen, wie dieses durchzuführen ist, um die gestellten Forderungen zu erfüllen und gleichzeitig gute Leistungen zu erzielen.

5. Der Läppvorgang. Bei der Läppbearbeitung wird eine Spanabnahme dadurch bewirkt, daß lose Schleifkörner in einem Flüssigkeitsfilm zwischen dem Werkstück und dem Werkzeug durch deren gegenseitige Bewegungen bewegt werden. Durch den Druck zwischen Werkzeug und Werkstück wird der erforderliche Schnittdruck erzielt. Es ist darauf zu achten, daß der Flüssigkeitsfilm mit den Schleifkörnern dünn genug ist (Abb. 7), um die Form des Werkzeuges auf das Werkstück zu übertragen und die volle Bewegung des Läppwerkzeuges den Schleifkörnern zuzuleiten. Bei zu starkem Läppmittelfilm (Abb. 8) wird die Läppgeschwindigkeit des Werk-

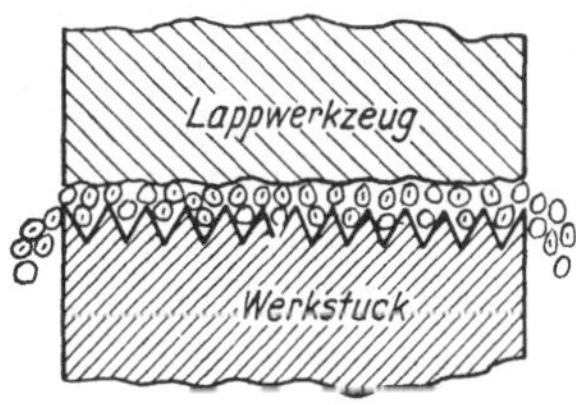

Abb. 7. Dunner Flussigkeitsfilm
mit Schleifkornern.

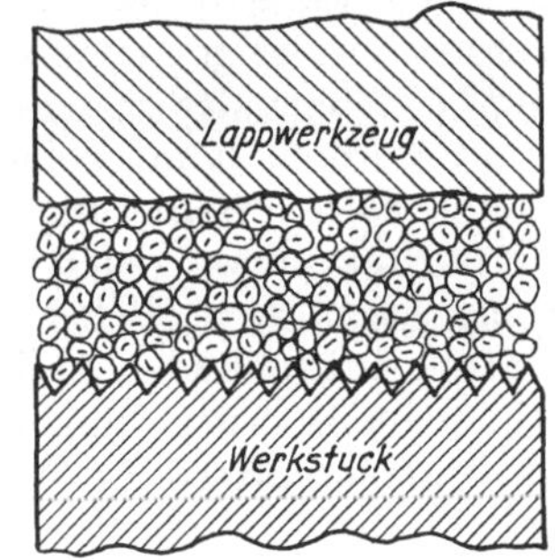

Abb 8. Übertrieben dicker
Flussigkeitsfilm mit Schleifkornern.

zeuges zwar auf die obersten Läppkörner übertragen, verringert sich aber nach unten hin und erreicht an der Werkstückoberfläche fast den Wert 0, d.h. die dort erzielte Spanabnahme ist sehr gering.

Wenn ein Läppkorn mit seiner scharfen Schneidspitze in das Werkstück hineinfaßt, wird es dort abgebremst und versucht durch Drehung den Widerstand zu überwinden. Bei dünnem Läppmittelfilm wird die Gegenseite des arbeitenden Läppkornes in die Läppscheibe bzw. das Läppwerkzeug eingedrückt sein, so daß es sich nicht drehen kann und eine Schneidwirkung eintritt. Bei zu starkem Läppmittelfilm ist aber eine Unterstützung der einzelnen Schleifkörner nicht gegeben und auch hierdurch die Spanabnahme unverhältnismäßig gering. Es muß also schon hier festgehalten werden, daß zu starker Läppmittelauftrag die Spanabnahme nicht fördert, sondern im Gegenteil verringert.

Die an einem Werkstück von der Vorbearbeitung her vorhandenen Bearbeitungsspuren, also die höchsten Stellen der Oberfläche (Abb. 9), werden durch die scharfkantigen Schleifkörner im Läppmittelfilm schichtweise abgetragen, bis die gewünschte Maß- und Formgenauigkeit erreicht ist bzw. bis auf den Grund, also bis alle Spuren der Vorbearbeitung weggeläppt sind. Bei diesem Vorgang bleiben die Schleifkörner im Läppmittelfilm aber nicht in ihrer vollen Größe erhalten, sondern sie zersplittern unter der Druckwirkung zwischen Läppwerkzeug und Werkstück sowie unter der Wirkung des Schneiddruckes. Es werden dabei, wie Abb. 9 zeigt, neue kleinere Läppkörner gebildet. Dabei ist nun von großer Wichtigkeit, daß die Schleifkörner aus einem Werkstoff gewählt sind, der beim Zer-

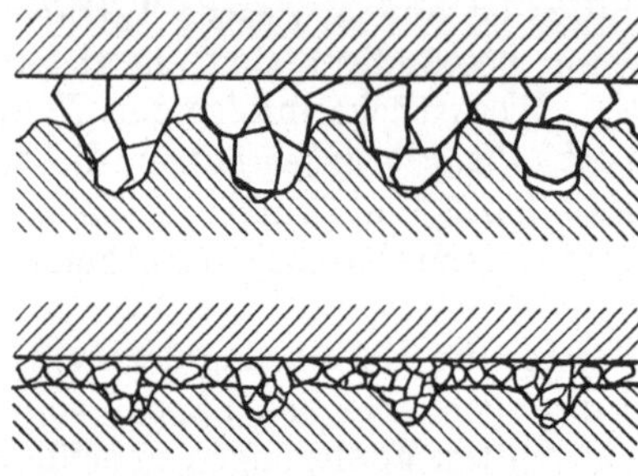

Abb 9 Schleifkorner bei Beginn des Lappens und nach einer gewissen Lappdauer.

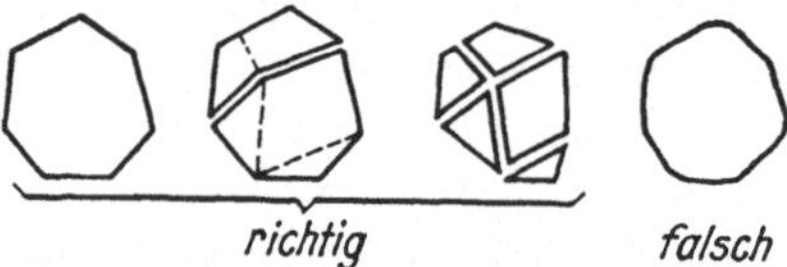

Abb. 10. Verhalten der Schleifkorner im Verlaufe des Lappvorganges.

brechen neue, kleinere aber wieder scharfkantige und damit schneidfähige Körner bildet (Abb. 10), und nicht etwa nur an seinen Schneidkanten abstumpft. Sonst würden die Schleifkörner zu Kugeln verschleißen (Abb. 10 rechts) und zwischen Werkzeug und Werkstück wie die Kugel in einem Wälzlager rollen, ohne eine Spanabnahme vorzunehmen.

Die vorstehend erklärte und in Abb. 9 gezeigte Kornzersplitterung ergibt die fertigungstechnisch wichtige und wertvolle Eigenschaft, daß bei einem Läppvorgang zur Erzielung befriedigender Spanabnahme zunächst mit einem gröberen Schleifkorn gearbeitet werden kann, welches im Laufe des Läppvorganges zersplittert und durch seine Kornverfeinerung doch eine sehr hohe Oberflächengüte liefert, die eigentlich nur mit einem gleich sehr feinen Läppkorn zu erzielen gewesen wäre. Darin liegt ein ganz wesentlicher Unterschied zwischen dem Läppen und der Feinstbearbeitung mit gebundenem Korn, da hier die erzielte Oberflächengüte von der Größe der gebundenen Körner abhängig ist und einen unveränderlichen Wert darstellt.

Der Läppvorgang muß so aufgebaut sein, daß eine Formgenauigkeit beim Werkstück erzielt wird, auch wenn von der Vorbearbeitung her Formfehler vorhanden sind. Diese Formgenauigkeit läßt sich aber nur erreichen, wenn die Werkzeuge gegen die Werkstücke nicht unter äußerem Zwang geführt werden. Wenn der Schleifstein einer sehr dünnen Innenschleifspindel (Abb. 11) in einer Bohrung arbeitet, so versucht er unter der Wirkung des Schnittdruckes auszuweichen und es kann dabei eine kegelförmige Bohrung geschliffen werden. Ein Läppwerkzeug dagegen,

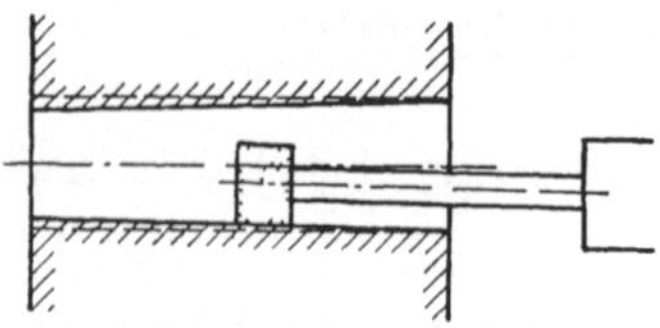

Abb. 11. Innenschleifen mit sehr dünner Schleifspindel.

beispielsweise für die Bohrungsbearbeitung, füllt die Bohrung allseitig und vollständig aus (Abb. 12) und ist in sich starr, so daß notgedrungen eine Formgenauigkeit erzielt werden muß, da das Werkzeug nach keiner Richtung hin ausweichen kann.

Allerdings setzt die Erzielung einer Formgenauigkeit mehrere einander überlagernde Bewegungen zwischen Werkzeug und Werkstück voraus. Die Notwendigkeit hierfür kann an einem einfachen Beispiel dargelegt werden. Wenn zwei verhältnismäßig ungenaue Platten aufeinandertuschiert und die sich dabei zeigenden hohen Stellen weggeschabt werden, so entstehen immer genauere ebene Oberflächen, ohne daß irgendein weiteres Hilfsmittel, Meßgerät oder eine genaue Tuschierplatte herangezogen werden muß. Die Formgenauigkeit der beiden im Beispiel genannten Platten läßt sich bis zur höchsten Vollkommenheit bringen. Genau so wird beim Läppen gearbeitet. Beim Läppen eines ebenen Werkstückes auf einer allerdings schon sehr ebenen Läpp-Platte wird nicht nur die Oberfläche des Werkstückes verbessert, sondern gleichzeitig auch die Oberfläche der Läpp-Platte, wenn die Bewegung zwischen beiden so gewählt wird, daß die ganze Fläche der Läpp-Platte gleichmäßig bestrichen wird.

Grundsätzlich das gleiche tritt ein, wenn eine zylindrische Bohrung mit einer zylindrischen Läpphülse (Abb. 12) oder ein zylindrischer Bolzen mit einem hohlzylindrischen Läppwerkzeug bearbeitet wird, und die Werkstücke dabei außer der Drehbewegung unterschiedliche Hin- und Herbewegungen ausführen. Selbst wenn die Bohrung des Werkstückes zunächst nicht genau rund ist, und auch das zum Läppen verwendete Werkzeug nicht rund wäre, würde das Arbeitsergebnis eine genau kreisrunde und zylindrische Bohrung sein, und gleichzeitig auch das Werkzeug, das ja einer Abnutzung unterliegt, genau rund werden. Es läßt sich also bei der Läppbearbeitung die Forderung der Formgenauigkeit des Werkstückes und der Erhaltung der Formgenauigkeit des Werkzeuges erfüllen.

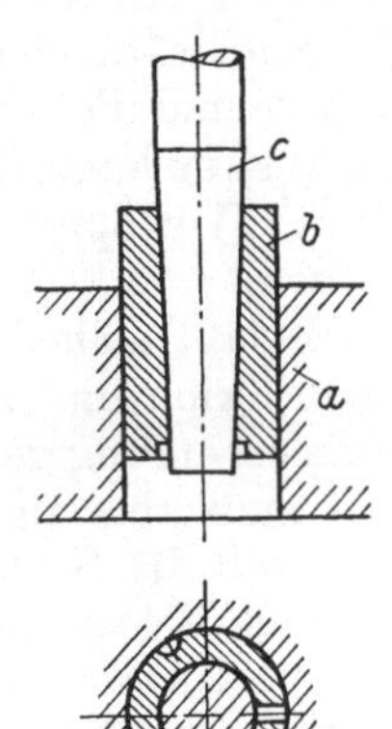

Abb 12 Lappen einer Bohrung. *a* Werkstuck, *b* Lapphulse; *c* kegeliger Lappdorn.

Bei einer Läppbearbeitung muß ein äußerer Zwang zwischen Werkzeug und Werkstück vermieden werden. Werkstücke soll man nicht spannen, sie müssen lose auf der Läpp-Platte oder zwischen zwei Läpp-Platten liegen. Im letzten Fall muß eine der beiden Läpp-Platten pendelnd angeordnet sein, um sich der Form der Werkstücke, die auf der festen Läpp-Platte lose aufliegen, anpassen zu können. Beim Läppen mit Läppdornen müssen diese das Werkstück voll ausfüllen bzw. umfassen und Werkstück und Werkzeug sich ohne äußeren Zwang aufeinander zentrieren. Beide Teile müssen deshalb in der Maschine pendelnd so aufgenommen sein, daß sich ihre Achsen genau aufeinander einstellen können. Nur wenn auf diese Punkte geachtet wird, lassen sich Werkstücke spannungsfrei so läppen, daß sie die manchmal auf Bruchteile von μ genauen Maße und Formen nach der Bearbeitung behalten, was bei eingespannten Werkstücken nach Lösen der Spannung niemals erreicht ist. Aus vorstehenden Ausführungen ergibt sich, daß die Läppbearbeitung sich vorwiegend auf folgende Arbeitsweisen und Werkstückformen erstrecken wird:

einseitiges Flachläppen,
planparalleles Flachläppen,
Außenrundläppen,
Innenrundläppen,

wohingegen Profilläppen nur bedingt möglich ist. Die oben genannten Läppbearbeitungen lassen sich mit gleicher Güte und Genauigkeit von Hand oder mit

Läppmaschinen ausführen. Der Unterschied zwischen beiden Verfahren liegt weniger in der Qualität als in der Arbeitszeit, die sich beim maschinellen Läppen selbst bei größeren Materialabnahmen sehr klein halten läßt.

6. Läppmittel. Es wurde schon gezeigt, daß die Spanabnahme beim Läppen durch das Läppmittel erfolgt, welches in Form eines Läppmittelfilms zwischen Werkzeug und Werkstück arbeitet. Ein solcher Läppmittelfilm besteht aus Schleifkörnern und einer diese tragenden Flüssigkeit. Der Läppvorgang selbst, insbesondere die Werkstoffabnahme in der Zeiteinheit und die erzielbare Oberflächengüte, ist sehr wesentlich von der Wahl des Läppmittels abhängig. Es muß also ein Wort über diese gesagt werden.

Beim Läppmittel ist zu unterscheiden zwischen den *Schleifkörnern* feiner oder feinster Körnung und den *Tragstoffen*, die in den meisten Fällen Öl oder Petroleum sind. Es werden vielfach auch fertige Läppmittel verwendet, die eine nicht bekannte Zusammensetzung vorgenannter Stoffe enthalten oder auf ganz anderer, chemischer Basis aufgebaut und daher nicht begrifflich in Schleifkörner und Tragstoffe trennbar sind.

Bevor auf die Einzelbestandteile eingegangen wird, sei noch festgestellt, daß ein grundsätzlicher Unterschied zwischen Läppmitteln für Vorläppen, Fertigläppen und Polieren nicht besteht. Im einzelnen wird Werkstoff und Körnung des verwendeten Schleifkornes entscheiden. Es muß für Fertigläppen feiner sein als für Vorläppen, während zum Polieren Mittel feinster Körnung angewendet werden.

Es läßt sich hier nicht entscheiden, ob das Anrühren von Läppmitteln aus pulverförmigem trockenem Schleifkorn und Läppflüssigkeit bestimmter Zusammensetzung geeigneter ist als die Verwendung fertiger Läppmittel. In jedem Fall muß aber im Interesse einer gleichmäßigen Läppbearbeitung sichergestellt sein, daß die Schleifkörner stets gleiche Größe haben und auch ein Unterschied in ihren Eigenschaften nicht in Erscheinung tritt. Wieweit dieses bei fertigen, in ihrer Zusammensetzung nicht bekannten Läppmitteln der Fall ist, kann nur durch Versuche festgestellt werden.

Als *Schleifkörner* kommen im allgemeinen Körner der gleichen Rohstoffe in Betracht wie bei der Schleifmittelherstellung. Sie werden zum Läppen in den verschiedensten Körnungen gesiebt, geschlämmt oder windgesichtet. Vorzugsweise werden entsprechend der Feinstbearbeitung feine und feinste Körnungen verwendet.

a) Die Schleifrohstoffe lassen sich in die zwei Hauptgruppen *natürliche* und *künstliche* Rohstoffe gliedern.

Heute werden fast ausschließlich künstliche Rohstoffe bei Läppmitteln verwendet. Unter den natürlichen Rohstoffen spielen nur ganz wenige noch eine Rolle.

Der *Diamant*, der härteste aller Stoffe, findet für besonders schwierige Läppverfahren, vorzugsweise an Hartmetallen, Anwendung als Läppkorn. Seine Verwendung ist aber durch den hohen Preis begrenzt. Diamantpulver als Läppkorn ist in allerfeinsten Körnungen im Handel zu erhalten.

Der *Naturkorund*, der in gut aufgearbeitetem Zustand $90 \cdots 95\%$ reine Tonerde enthält, kommt als Blockkorund, Sandkorund und Kristallkorund vor. Auf die gute Zersplitterungseigenschaft des Naturkorundes muß besonders aufmerksam gemacht werden, also auf die Eigenschaft, beim Spalten immer kleinere Teile mit scharfen Ecken und Kanten zu bilden, die so ein schneidfähiges Korn bleiben. Hierdurch ist es als Läppmittel besonders geeignet. Da aber künstlicher Korund gleiche oder sogar bessere Eigenschaften zeigt, tritt Naturkorund als Läppkorn immer mehr in den Hintergrund.

Der *Schmirgel*, ein Gemenge aus Aluminiumoxyd und Magneteisenstein mit Hämatit, Quarz und verschiedenen Silikaten ist ein rein ausländischer Rohstoff, der sehr schwierig zu verarbeiten ist. Er wird deshalb trotz seiner guten Eigenschaften als Läppkorn selten angewendet.

Auf weitere natürliche Rohstoffe wie Sandstein, Bimsstein, Granat oder Quarz braucht wegen ihrer geringen Bedeutung nicht näher eingegangen zu werden. Viel wichtiger sind die künstlich hergestellten Läppkörner, für die Borkarbid, Siliziumcarbid und künstlicher Edelkorund besonders zu erwähnen sind.

Borkarbid entsteht durch unmittelbare Vereinigung von Bor und Kohlenstoff. Es sind glänzende Kristalle von außerordentlicher Härte. Borkarbid wurde zuerst in Amerika für Feinschleif- und Läppzwecke hergestellt, wird jetzt aber auch in Deutschland erzeugt und oft an Stelle von Diamantpulver verwendet. Bei seinen hohen Herstellungskosten kann es aber nur da Anwendung finden, wo sich mit anderen Läppmitteln keine ausreichenden Ergebnisse erzielen lassen.

Siliziumkarbid wird durch elektrischen Strom aus Quarzsand und Kohle erschmolzen. Frei von Verunreinigungen erscheint es farblos, hat eine sehr hohe Härte, und die einzelnen Körner zeigen eine günstige Kristallisationsform mit scharfen Kanten und Ecken. Siliziumkarbid ist daher eines der am meisten verwendeten Läppmittel. Günstig wirkt sich aus, daß die zur Herstellung erforderlichen Rohstoffe beliebig vorhanden sind, so daß Siliziumkarbid in reiner, gleichmäßiger Beschaffenheit hergestellt werden kann und ein auch preislich günstiges Läppkorn ist. Die große Härte und die Zersplitterungseigenschaft bringt es allerdings mit sich, daß die geläppten Flächen vielfach nicht ganz kratzerfrei werden, wenn auch diese Kratzer nur eine Größenordnung von etwa $0,3\,\mu$ haben.

Elektrokorund kommt unter den verschiedensten Handelsbezeichnungen auf den Markt. Seine Spaltbarkeit ist geringer als die des Naturkorundes, es hat aber eine große Härte und eine beachtliche Zähigkeit. Elektrokorund ist im elektrischen Ofen aus Tonerde hergestelltes kristallisiertes Aluminiumoxyd. Im Gegensatz zum Siliziumkarbid gibt es bei Elektrokorund eine ganze Reihe von Arten und Sorten, die sich durch ihren Tonerdegehalt unterscheiden. Auch spielen die verschiedenen Herstellungsprozesse eine Rolle. Geringere Elektrokorund-Qualitäten enthalten etwa 60···80% Aluminiumoxyd, bessere Qualitäten 94···97%, während ganz hochwertige Ware, die auch als *Edelkorund* bezeichnet wird, einen Aluminiumoxydgehalt von 99···99,5% aufweist. Der Edelkorund ist weiß und hat ein gut durchgebildetes Kristallgefüge, das sich mit der Hand leicht auseinanderbrechen läßt. Die einzelnen Kristalle besitzen scharfe Spitzen und Kanten und leisten damit gute Läpparbeit. Edelkorund ist daher den anderen Korundqualitäten weit überlegen.

Die richtige Auswahl des Läppmittels aus der großen Zahl der angebotenen erscheint schwierig. Als allgemeine Regel kann man annehmen: „Je härter der Werkstoff, desto härter das Läppmittel".

Zum Läppen von Gußeisen, Stahl und gehärtetem Stahl, sowie von Nichteisen-Metallen finden in der Hauptsache Siliziumkarbid und Elektrokorund Verwendung. Für Gußeisen ist Siliziumkarbid vorteilhafter, während mit Korund im allgemeinen leichter eine glatte Oberfläche ohne Kratzer erzielt wird, was besonders bei gehärteten Stahlteilen wichtig ist. Andererseits ist die Leistung von Siliziumkarbid meistens größer.

b) Die Körnung der Läppmittel. Neben dem Stoff des Läppkornes spielt seine *Größe* eine sehr wesentliche Rolle. Insbesondere beeinflußt die Korngröße die beim Läppen erzielte Oberflächenrauhigkeit. Zu grobes Korn beim Läppen zu verwenden, ist auch bei grober Arbeit zwecklos, man sollte nicht unter die

Körnung 320 heruntergehen. Über den Zusammenhang zwischen der wirklichen Korngröße in μ und den Handelsbezeichnungen unterrichtet die Tabelle 1.

Tabelle 1. Korngrößen und Kornbezeichnungen von Läppmitteln.

Korngröße in μ bis max.	Kornbezeichnung bei				
	Diamant	Edelkorund	Normalkorund	Siliziumkarbid	Borkarbid
1	0,7	—	—	—	—
2	1	—	—	—	—
5	3	—	—	—	1000
7	—	2500	2500	—	—
10	7	—	—	600	800
13	—	1800	1800	—	—
18	—	1300	1300	—	—
20	15	—	—	500	600
22	—	1000	1000	—	—
26	—	800	800	—	—
32	—	700	—	—	—
40	30	600	700	320	400
45	—	500	600	—	—
51	—	400	500	—	—
57	—	350	400	—	—
60	50	—	—	280	320
62	—	300	350	—	—
73	—	280	320	—	—
90	70	—	—	—	—
100	—	220	280	240	240
105	—	180	220	—	—

Ein sehr wichtiger Punkt ist die *Gleichmäßigkeit der Körnung*. Hier muß verlangt werden, daß innerhalb einer Kornbezeichnung ein hoher Prozentsatz der Körner die richtige Größe hat und daß größere Körner vermieden sind, da sie durch Kratzer unerwarteter Größe und Tiefe geläppte Oberflächen verderben würden. Ein Läppkorn ist also um so besser, je mehr Körner gleicher Größe es aufweist und je geringer die Größenabweichung der übrigen Körner ist, die aber nur *kleiner* als das Nennkorn sein dürfen. Auf diese Notwendigkeit wird beim Kauf von Läppmitteln oft viel zu wenig Wert gelegt und es wird nicht beachtet, daß billig angebotene Läppmittel hierin leicht ungünstige Eigenschaften haben können. Rückschläge bei der Läppbearbeitung, besonders unbefriedigende Läppflächen sind auf ungeeignetes und ungleichmäßiges Läppkorn zurückzuführen. Wenn der Läppvorgang selbst auch sehr schmutzig erscheint, so muß doch peinlichste Sauberkeit und Ordnung herrschen und zwar schon bei der Lagerung der Läppmittel, damit nicht verschiedene Körnungen durcheinanderkommen oder feine Körnungen mit Staub durchsetzt sind, der kornmäßig größer als das eigentliche Läppkorn ist.

Ein Wort ist noch über die *Wahl* der Körnung zu sagen. Für Vorbearbeitung wird das Läppmittel mit einer Korngröße von $20 \cdots 60\,\mu$ meist gute Ergebnisse liefern. Allerdings zeigt die Oberfläche noch reichlich Kratzer, denen aber eine große Spanabnahme und eine schnelle Verbesserung der geometrischen Form gegenüberstehen. Für Fertigbearbeitung wird man in der Regel mit Korngrößen von $2 \cdots 10\,\mu$ bei entsprechend geringer Spanabnahme gute Ergebnisse erzielen. Für die letzte Feinarbeit kann Polierrot oder Chromgrün notwendig werden, besonders wenn bei gehärteten Werkstoffen blanke Oberflächen gefordert sind. Es sei hier darauf hingewiesen, daß die gewöhnlichen Läppmittel stets eine mausgraue Oberfläche liefern.

c) **Die Tragflüssigkeit** spielt neben dem Läppkorn und seiner Größe eine nicht zu unterschätzende Rolle. Als Flüssigkeit kommen in Frage: Öl, Petroleum,

Terpentin, Talg, Benzin, Benzol, Alkohol, Sodawasser oder auch einfaches Wasser. Die Flüssigkeit muß die Eigenschaft haben, zusammen mit dem Läppkorn einen Film zwischen Werkzeug und Werkstück zu bilden, so daß eine metallische Reibung beider aufeinander vermieden wird. Andererseits darf es nicht so dickflüssig sein, daß es den Raum zwischen Werkzeug und Werkstück mit einem dicken Film ausfüllt, in dem die Läppkörner schwimmen, ohne an den Arbeitsflächen zum Angriff zu kommen.

In den meisten Fällen hat sich eine Mischung von Öl und Petroleum zu gleichen Teilen als Läppflussigkeit besonders zweckmäßig gezeigt. Durch Erhöhung des Anteiles von Petroleum wird dieses Gemisch dünnflüssiger und die Läppkörner kommen stärker zur Wirkung. Durch Erhöhung des Anteiles an Öl mit seiner stark schmierenden Wirkung wird die Angriffsmöglichkeit der Läppkörner heruntergesetzt, das Läppmittel wirkt dann also sanfter. Für Polierarbeitsgänge hat sich Benzol als geeignete Flüssigkeit erwiesen, da die besonders feinen Poliermittel, wie beispielsweise Chromoxyd, in Öl oder Petroleum an die zu läppende Fläche überhaupt nicht herankämen.

Bei der Läppflüssigkeit muß beachtet werden, daß sie außer dem Tragen der Läppkörner zwischen Werkzeug und Werkstück die Arbeitsfläche schmieren und kühlen muß. Dieses ist sehr wichtig, weil Arbeitsgänge der Feinstbearbeitung besonders empfindlich gegen Wärmeeinflüsse sind. Auf die Eigenschaft der Läppflüssigkeit, das Läppkorn lange Zeit schwebend zu erhalten, braucht weniger Rücksicht genommen zu werden. Wie eingangs schon erwähnt wurde, soll nur ein sehr dünner Läppmittelfilm verwendet werden. Das Aufspülen des Läppmittels mit einer Pumpe, wie es bei sog. Zahnradläppmaschinen und Zahngrundläppmaschinen angewendet wird, ist bei Arbeitsgängen zur Erzielung genauer geometrischer Formen ungeeignet. Zu empfehlen ist ein dünnes Auftragen von Läppmittel mit dem Pinsel. Hierbei kann stets das Läppkorn wieder aufgerührt werden. Aus diesem Grunde ist die Eigenschaft, die Körner schwebend zu halten, unwichtig, zumal solche Läppflüssigkeiten leicht zu dickflüssig sind.

7. Läppwerkzeuge. Das Läppmittel befindet sich zwischen der zu läppenden Werkstückfläche und dem Läppwerkzeug. Diesem fällt die Aufgabe zu, das Läppmittel so zu fuhren, daß die genaue Werkzeugform auf das Werkstück übertragen wird. Es ist verständlich, daß zur Erreichung hoher Genauigkeiten und Oberflächengüten an die Beschaffenheit der Läppwerkzeuge ganz besondere Anforderungen gestellt werden müssen. Bei den Läppwerkzeugen wird in erster Linie zwischen Werkzeugen für die Bearbeitung von ebenen Flächen, Läpp-Platten und Läppscheiben, und solchen für die Bearbeitung von Bohrungen und Außenzylindern, Läpphülsen, zu unterscheiden sein.

Lapp-Platten und *Läppscheiben* werden fur die weitaus meisten Bearbeitungsaufgaben aus einem Spezial-Gußeisen hergestellt, das eine Brinellhärte von 140 bis 200 kg/cm² hat. Das Gefüge muß vollkommen dicht sein, insbesondere durfen die Läppflächen keine porösen Stellen auch nur kleinster Größe aufweisen. Hier würden sich Fremdkörper oder einzelne Läppkörner festsetzen und die Werkstuckoberfläche beschädigen. Ebenso muß die Härte der Läppscheibe über die ganze Oberfläche gleichmäßig sein, um ungleichmäßige Abnutzung, also Formänderung zu vermeiden.

Man hat auch die Herstellung von Läppscheiben aus anderen Werkstoffen versucht und dabei weichen und gehärteten Stahl, Sintereisen, Kupfer, Guß-Aluminium, Blei und Zinn versucht. Erfahrungen, die in großen Versuchsreihen (3500 Versuche) gesammelt wurden, haben ergeben, daß Gußeisen der oben genannten Qualität der wichtigste Rohstoff für Läppscheiben ist. Erstreckt sich die Anforderung an die Werkstücke besonders auf Oberflächenglätte, verbunden mit Blankheit, so bringen Scheiben aus Blei oder Zinn sehr gute Ergebnisse. Bemerkenswert ist, daß Versuche[1] ergeben haben, daß Läppscheiben aus Gußeisen, Kupfer, weichem und gehärtetem Stahl die Läppkörner nicht festhalten, daß also nach einfachem Abwaschen der Läpp-Platte keinerlei Korneinbettungen gefunden werden konnten, wohingegen Läppscheiben aus Aluminium, Blei und Zinn eingebettete Körner enthielten. Läpp-Platten für ebene Werkstücke mit kleinen zu läppenden Flächen werden durchweg *glatt* ausgeführt (Abb. 13), während bei

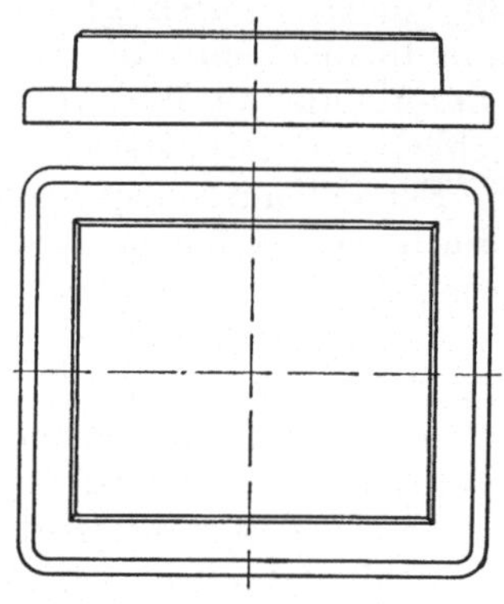

Abb. 13. Glatte Lapp-Platte fur ebene Werkstucke mit kleinen zu lappenden Flachen.

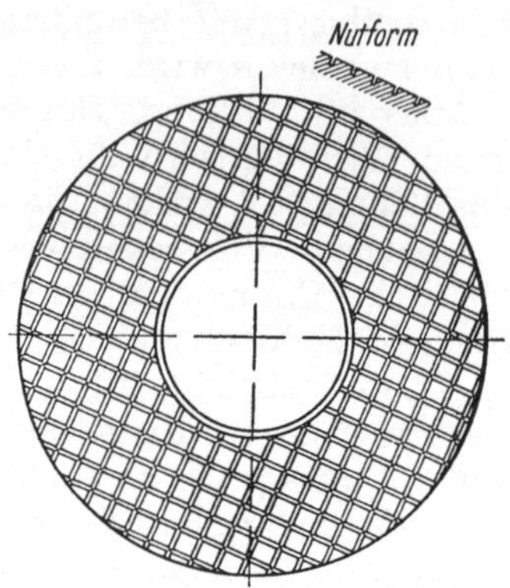

Abb. 14. Lapp-Platte geriffelt bzw. genutet.

großen Läppflächen der Werkstücke die Läppscheiben zweckmäßig *geriffelt* bzw. *genutet* werden (Abb. 14), um eine Unterteilung der Läppfläche zu erzielen. Da sich in der Riffelung Läppmittel speichern kann, werden die zu läppenden Flächen gleichmäßiger mit Läppmittel versorgt. Genutete Scheiben ergeben daher höhere Spanleistung, wie Versuche gezeigt haben.

Die Läppflächen von Läppscheiben müssen in ihrer Form genau eben sein. Die Mehrzahl solcher Scheiben wird auf Läppmaschinen verwendet und dazu auf den Läppscheibenträger (*a* in Abb. 15) aufgeschraubt. Es ist sorgfältig darauf zu achten, daß die Scheibe durch das Aufschrauben nicht verspannt wird. Die letzte Genauigkeit kann der Läppfläche einer Scheibe erst in der Maschine selbst gegeben werden. Hierfür werden die Läppmaschinen mit besonderen Läppscheibenabrichtvorrichtungen versehen.

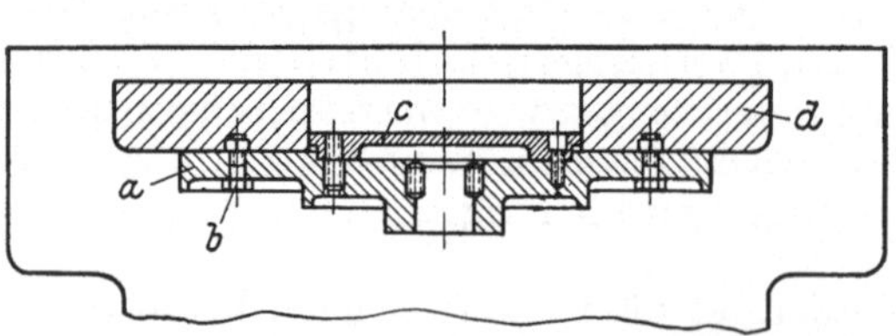

Abb. 15. Befestigung der Lappscheibe einer Flachläppmaschine. *a* Lappscheibentrager; *b* Befestigungsschrauben; *c* Zentrier- und Schutzplatte; *d* Lappscheibe.

Zum Läppen von Bohrungen und Außenrundteilen werden *Läpphülsen* verwendet. Auch für diese hat sich ein Spezialgrauguß mit absolut dichtem Gefüge und gleichmäßiger Härte am besten bewährt, und Versuche mit Läpphülsen aus anderen Werkstoffen haben durchweg ungünstigere Ergebnisse gebracht. Es werden in der Praxis zwar noch vielfach Läppdorne aus Holz oder Kupfer verwendet, es muß aber an dieser Stelle eindeutig darauf hingewiesen werden, daß sich mit solchen Werkzeugen, die mangels Verstellbarkeit des Durchmessers die

---

[1] EUGENE, Contribution à l'étude du rodage des pièces mécaniques. 1945. Travaux et mémoires du L.C.I.M. Cahier Nr. 2.

Bohrung nicht voll ausfüllen, die Bohrungswände zwar glätten lassen, die Bohrungs-
form aber nicht verbessert wird. Es handelt sich hierbei also nicht um ein Läppen,
sondern um ein Schmirgeln.

Läpphülsen müssen entsprechend ihrer Abnutzung nachgestellt werden können,
so daß sie die Bohrung stets voll ausfüllen. Der Werkstoff muß deshalb elastisch
sein, um diese Formänderung zuzulassen, die Hülsen selber eine solche Form aufweisen, daß eine genau zylindrische Aufweitung möglich ist.

Gute Ergebnisse werden mit Läpphülsen erzielt, die einseitig geschlitzt sind
und deren kegelige Bohrung voll von einer Kegelnadel ausgefüllt ist (Abb. 16).

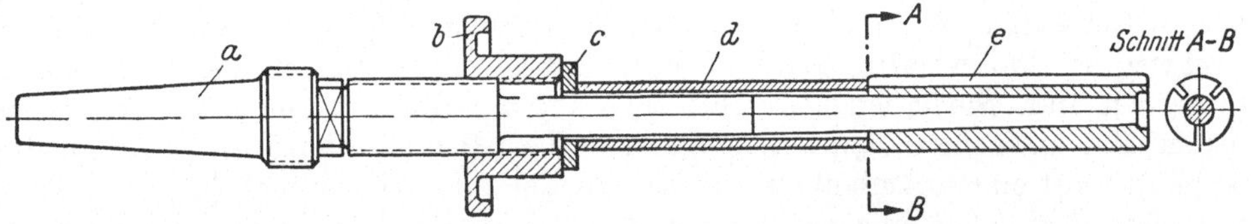

Abb. 16. Innenlappdorn. *a* Lappdorn; *b* Abdruckmutter; *c* Scheibe; *d* Distanzhulse; *e* Lapphulse.

Eine Aufweitung erfolgt durch axiales Aufschieben der Läpphülse auf den Kegeldorn. Um das Aufspreizen der Hülse zu erleichtern, wird diese mit einigen Längs-
nuten versehen. Die Aufweitung wird zwar theoretisch nicht genau in der Kreisform verlaufen, da, wie Abb. 17 übertrieben
zeigt, die einzelnen Läpphülsenteile starr
bleiben und um die Einkerbungen herum
schwenken. Die sich dadurch ergebenden Ab-
weichungen von der Kreisform sind aber
außerordentlich gering und bereits nach zwei
oder drei Huben des Werkzeuges weggearbeitet, so daß dieses praktisch ständig die
richtige Form hat.

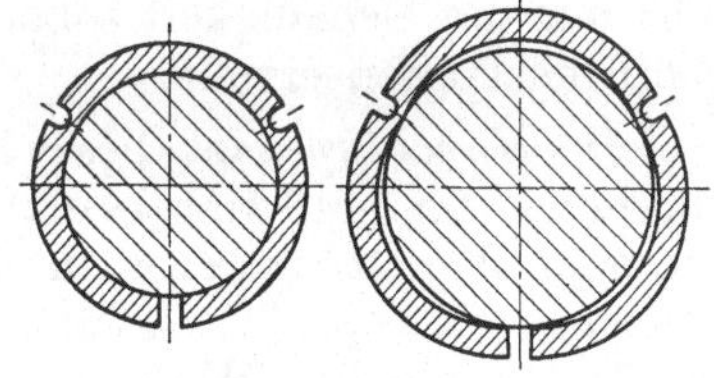

Abb. 17. Formanderung (ubertrieben)
einer durch Hineintreiben des Kegel-
dornes aufgeweiteten Lapphulse.

Für die geschilderte Aufspreizung der
Läpphülsen hat sich Gußeisen als beson-
ders geeignet erwiesen. Die gleichen Hülsen, nur mit der Bohrung als Läppfläche,
werden zum Läppen von Außenzylindern verwendet (Abb. 18) und von außen
her zugedrückt, um das Werkstück stets voll zu umfassen.

Es gibt noch zahlreiche andere Formen und Bauarten von Läppwerkzeugen.
Beurteilt man sie nach der Aufgabe, die Läpphülse genau zylindrisch aufzuweiten,

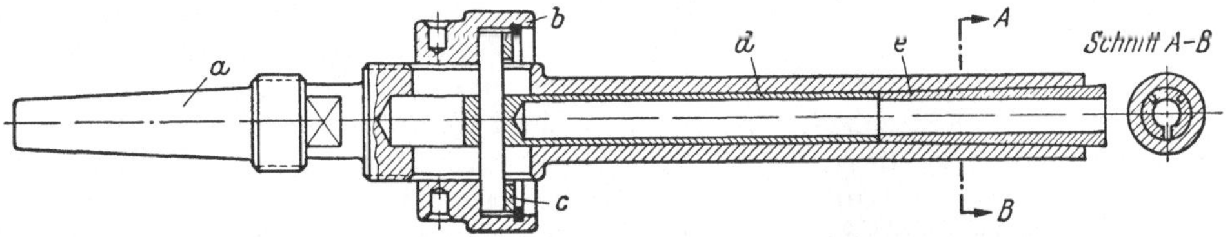

Abb. 18. Außenlappdorn. *a* Lappdorn; *b* Abdruckmutter, *c* Scheibe; *d* Distanzhulse; *e* Lapphulse.

so müssen die zunächst beschriebenen Werkzeuge als zweckmäßigste und zugleich
einfachste befunden werden. Unter anderen Konstruktionen seien besonders solche
erwähnt, die nicht zylindrisch aufweiten, da die Spreizung etwa nur an einem

geschlitzten Ende erfolgt (Abb. 19) oder die bauchig aufgeweitet werden (Abb. 20), da die Aufweitung nur in der Mitte möglich ist, während oben und unten ein starrer Boden seinen Durchmesser behält.

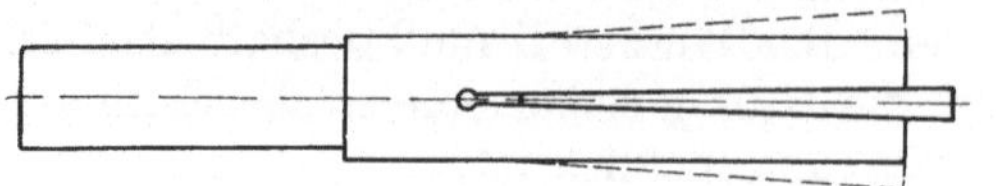

Abb 19   Schlechte Aufweitung einer Lapphulse.

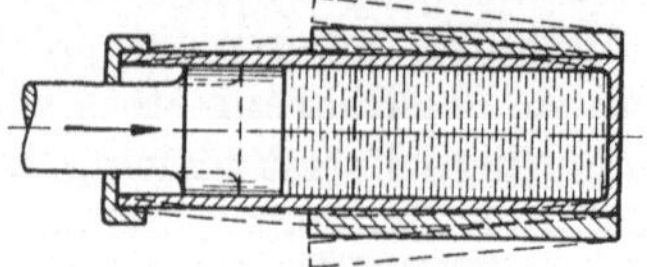

Abb. 20. Bauchiges Aufweiten einer Lapphulse.

Bohrungs-Läppwerkzeuge für kleine Bohrungen, bei denen die Hülsen mittels Gewinden oder anderen beweglichen Teilen aufgeweitet werden, weisen durchweg so dünnwandige Bauteile auf, daß sie einer starken Belastung nicht gewachsen sind. Sie haben sich daher auch kaum einführen können, im Gegensatz zu den sehr einfachen Läppwerkzeugen mit Kegelnadel (Abb. 16), bei denen die Läpphülse mit einem Amboß auf die Kegelnadel aufgetrieben und dabei erweitert wird. Der *Amboß* hat eine solche Form, daß die aus der Läpphülse herausragende Läppdornspitze in der Amboßbohrung unberührt bleibt.

8. Die verschiedenen Läppbearbeitungen. Es wurde schon darauf hingewiesen und es liegt auch in der Begriffsbestimmung für das Läppen, daß Werkzeug und Werkstück gegeneinander verschiedene, häufig wechselnde Bewegungen machen sollen, so daß die gleiche Werkzeugstelle kaum noch einmal mit der gleichen Werkstückstelle zusammenkommt. Durch solche unterschiedliche Bewegungen wird nicht nur die Genauigkeit sondern auch die günstige Oberfläche hinsichtlich Bearbeitungsspuren erzielt.

Beim *Handläppen* ist dieses lediglich eine Frage der Geschicklichkeit des Ausführenden. Er muß sich bemühen, dauernd wechselnde Bewegungen von Werkzeug oder Werkstück gegeneinander zu machen. Dann lassen sich mit Handläppwerkzeugen, Läpp-Platten für ebene Werkstücke oder Läppdornen für Bohrungen und Außenzylinder, Werkstückgenauigkeiten erzielen, die maschinell geläppten Teilen entsprechen. Die Läppzeit beim Handläppen ist aber wesentlich höher als beim Maschinenläppen.

Bei *Läppmaschinen* werden die unterschiedlichen Bewegungen zwischen Werkzeug und Werkstück maschinell ausgeführt. Teilweise erfolgt dieses durch die Bewegungsmerkmale der Maschine selbst, teilweise durch zusätzliche Bewegungen der Aufnahme- und Läppvorrichtungen, die zur Bearbeitung bestimmter Werkstücke auf den Läppmaschinen benötigt werden.

Ein auf eine sich drehende oder zwischen zwei sich konzentrisch drehenden Läppscheiben gelegtes Werkstück würde mit konzentrisch verlaufenden Bearbeitungsspuren versehen. Man kann diesem Werkstück nun einen besonderen, zusätzlichen Bewegungsantrieb erteilen, der es zwischen den Läppscheiben radial hin- und herbewegt, oder ihm eine zycloidische Bewegung über die Läppscheibenbreite erteilt. Je häufiger der Bewegungswechsel ist und je unperiodischer er zur Läppscheibendrehung liegt, um so gunstiger ist dieses für den Läppvorgang. Da, wie später gezeigt wird, für diesen Antrieb eine besondere Antriebswelle vorhanden ist, muß deren Drehzahl nach vorstehenden Gesichtspunkten gegenüber der Läppscheibendrehzahl festgelegt werden.

Noch günstiger werden die Bewegungsverhältnisse, wenn das Werkstück oder mehrere zusammengespannte Werkstücke zusätzlich eine Drehbewegung ausführen, die durch die unterschiedliche Reibwirkung zwischen Läppscheibe und Läppfläche am inneren und äußeren Durchmesser der Läppscheibe erreicht wird. Hierbei ergibt sich von selbst eine unperiodische Bewegung, da die Werkstücke sich mit ständig wechselnder Geschwindigkeit drehen.

Die entsprechenden Gesichtspunkte hinsichtlich der unterschiedlichen Bewegungen zwischen Werkzeug und Werkstück sind auch beim Innen- und Außenrundläppen mit Läpphülsen gültig. Die Läpphülsen erhalten eine Drehbewegung, der eine Hin- und Herbewegung überlagert wird. Um die Überlagerung möglichst unperiodisch zu haben, genügt es nicht, diese Bewegung von der Läppspindel selbst etwa durch einen Nocken abzunehmen, da sonst stets auf eine Läppspindelumdrehung ein Schwinghub oder bei Doppelnocken zwei Schwinghübe ausgeführt würden. Es ist erforderlich, den Hub von einer zweiten, mit einer anderen Drehzahl laufenden Welle abzunehmen und dabei ist wünschenswert, daß zwischen beiden eine Übersetzung besteht, die eine hohe Primzahl enthält. Bei der Konstruktion von Läppmaschinen oder ihrer Beurteilung muß auf diese Dinge besonders geachtet werden.

Beim Maschinenläppen sind folgende Arbeitsgänge zu unterscheiden:

Flachläppen einer Werkstückfläche auf einer meist horizontal angeordneten Läppscheibe.

Planparallelläppen von zwei einander abgewendeten Flächen eines Werkstückes zwischen zwei horizontal liegenden, sich konzentrisch drehenden Läppscheiben. Die zum Läppen vorgesehenen planparallelen Flächen müssen die äußere Begrenzung der Werkstücke bilden, da diese sonst nicht zwischen die beiden Läppscheiben eingeführt werden können.

Außenrundläppen zwischen zwei horizontalen Läppscheiben unter gleichzeitiger Bearbeitung mehrerer, zu einer Ladung zusammengefaßter Werkstücke. Die Werkstücke rollen zwischen den beiden Läppscheiben und werden dabei geläppt. Eine Verbesserung der geometrischen Form, besonders des Kreisquerschnittes ist nur unwesentlich möglich.

Außenrundläppen mit Läpphülsen unter Benutzung einer drehenden und Schwinghub ausführenden Läppspindel. Hierbei werden die Werkstücke in ihrer geometrischen Form, auch im Kreisquerschnitt verbessert.

Innenrundläppen mit Läpphülsen entsprechend dem Außenrundläppen mit Läpphülsen. In beiden Fällen ist darauf zu achten, daß die Läpphülsen genügend Auslauf haben, um stets freischneiden zu können.

Einige andere Arbeitsgänge können noch bedingt als Läppbearbeitung angesprochen werden. Hier ist das Planparallelläppen einander zugewandter Flächen eines Werkstückes zu nennen, wie es beispielsweise beim Läppen der Meßflächen einer Rachenlehre (Abb. 21) vorkommt. Die Erhaltung der Formgenauigkeit der Läppscheibe ist dabei schwierig aber durchführbar. Größere Schwierigkeiten bereitet schon das Läppen von Zahnrädern, vom Zahngrund der Zahnräder und von Gewinden, da hierbei die Werkzeuge verhältnismäßig leicht ihre Form verlieren und es eine Frage der Geschicklichkeit des Arbeiters bleibt, wann er neue

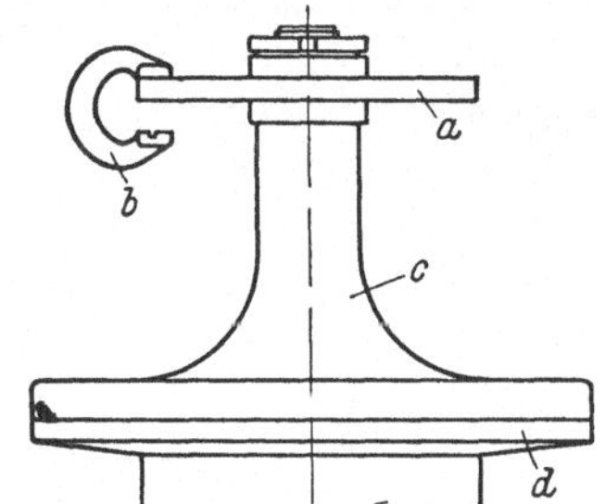

Abb. 21. Lappen einer Rachenlehre. *a* Lappscheibe; *b* Werkstuck, *c* Träger für die Rachenlehrenlappscheibe; *d* untere Lappscheibe der Lappmaschine.

Werkzeuge verwenden muß, um innerhalb der Austauschbarkeit und der zugelassenen Toleranzen zu bleiben.

Für die maschinelle Läppbearbeitung stehen Flachläppmaschinen mit einer Läppscheibe, Zweischeibenläppmaschinen mit zwei horizontalen Läppscheiben und

Innen- und Außenrund-Läppmaschinen mit Läppspindeln zur Verfügung, neben Spezialmaschinen zum Zahnradläppen, Rachenlehrenläppen, Kurbelwellenläppen und anderen Aufgaben.

Hinsichtlich der Bearbeitung und der erforderlichen Spanabnahme muß unterschieden werden zwischen Vorläppen, Fertigläppen und Polieren. Zwischen den einzelnen Stufen lassen sich genaue Grenzen allerdings nicht ziehen, vielfach wird es genügen, ein Werkstück in einem Arbeitsgang zu läppen, während in anderen Fällen alle drei Arbeitsgänge nacheinander notwendig sein können.

II. Läppen von Hand.

Ein Läppvorgang läßt sich von Hand ausführen, wenn hierbei auch erheblich mehr Zeit als beim maschinellen Läppen aufgewendet werden muß. Es kann aber das gleiche Arbeitsergebnis, also gleiche Oberflächengüte, Maß- und Formgenauigkeit erzielt werden. Ein Läppen von Hand wird deshalb immer dann am Platz sein, wenn die Stückzahl der zu läppenden Teile für den Einsatz von Läppmaschinen zu klein ist. Handläppen kann aber auch notwendig werden, wenn die Werkstücke so ungünstig geformt sind, daß die zu läppenden Flächen im maschinellen Vorgang nicht erreicht werden können.

9. Flachläpparbeiten werden mit einfachen Läpp-Platten ausgeführt, also Platten (Abb. 13) aus Spezialguß, die auf höchste Ebenheit und Oberflächengüte bearbeitet sind. Man kann sie auf den Werktisch legen und das Werkstück von Hand unter schiebender und drehender Bewegung darauf bewegen. Bei größeren Werkstücken kann umgekehrt die Läpp-Platte auf dem Werkstück geführt werden. Solche sehr einfache Läpp-Platten lassen sich für viele Flachläpparbeiten verwenden. Für Sonderaufgaben können aber aus dem gleichen Werkstoff auch besonders geformte Platten gefertigt werden. Sonderaufgaben dieser Art können beispielsweise sein: das Läppen der Meßflächen von Rachenlehren (Abb. 21), wobei dieses Meßwerkzeug die Läpp-Platte umfassen muß, oder das Läppen der inneren Laufflächen von Kurbelschwingen, wozu ebenfalls eine sehr dünne Läppscheibe notwendig ist. Die Zahl solcher Beispiele ließe sich noch beliebig vergrößern.

10. Planparallelläppen, also das Läppen von zwei zueinander parallel liegenden Flächen eines Werkstückes läßt sich bei Handbearbeitung nur durch nacheinanderfolgendes Läppen der beiden Flächen erreichen. Dabei muß durch ständiges Nachmessen die Parallelität sichergestellt werden. In dieser Bearbeitung ist das Handläppen dem maschinellen Läppen unterlegen, da, wie später gezeigt wird, beim maschinellen Planparallelläppen zwangsläufig eine hohe Genauigkeit erreicht wird.

11. Innen- und Außenrundläppen erfordern besondere Handläppwerkzeuge, die von Hand betätigt oder in das Futter einer Drehbank oder Bohrmaschine eingespannt werden können, um von hier aus wenigstens die Drehbewegung zu erhalten, so daß von Hand nur noch als Überlagerungsbewegung ein Hin- und Herbewegen notwendig ist. Bei maschinellem Antrieb von Handläppwerkzeugen haben sich Drehzahlen der Läppdorne zwischen 100 und 300 U/min bewährt. Dabei beträgt die Umfangsgeschwindigkeit (Schnittgeschwindigkeit) der Läppdorne etwa 10···20 m/min. Es sei hier bemerkt, daß eine Läppbearbeitung von der Wahl der Schnittgeschwindigkeit viel unabhängiger ist als andere spanabhebende Arbeitsgänge.

Handläppwerkzeuge für Bohrungen, mit denen genau kreisrunde, zylindrische Bohrungen erzielt werden, bestehen in der Regel aus einem gehärteten und geschliffenen Dorn, am vorderen Teil mit einem schlanken Kegel (Abb. 16), der die eigentliche Läpphülse trägt. Diese kann auf den Dorn aufgeschoben werden, wobei sich ihr Durchmesser gleichmäßig vergrößert, da die Läpphülse an einer Längsseite durchgeschlitzt ist und Einkerbungen hat, um das Aufweiten durch Aufdornen mittels Amboß (s. S. 34) zu erleichtern. Eine Abdrückmutter mit Abstandshulse dient sowohl als Anschlag für die Durchmesserverstellung als auch zum Abdrücken der Läpphülse vom Kegel, wenn nach der Bearbeitung eines Werkstückes die Hülse für ein neues Werkstück auf einen kleineren Außendurchmesser gebracht werden muß.

Bei größeren Bohrungsdurchmessern verwendet man Läpphulsen mit zylindrischer Bohrung, die auf einem außen zylindrischen, hohlen, am vorderen Ende mehrfach geschlitzten Läppdorn sitzen. Zum Verstellen des Durchmessers der Läpphülse dient eine im Inneren des Läppdornes untergebrachte Kegelspindel (Abb. 22) mit beiderseitigem Vierkant. Zum Herunternehmen einer verbrauchten

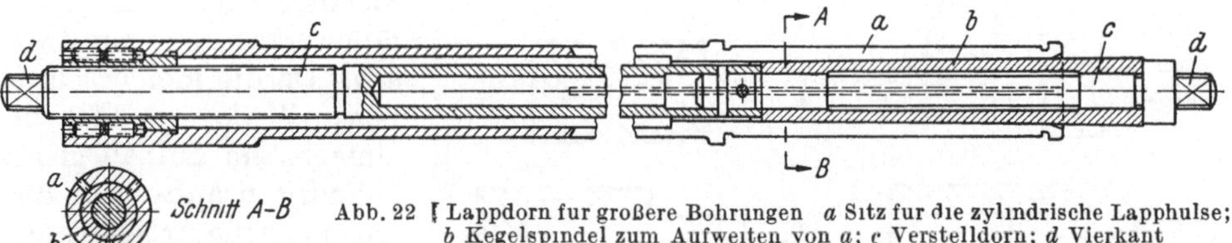

Abb. 22. Lappdorn fur größere Bohrungen. *a* Sitz fur die zylindrische Lapphulse; *b* Kegelspindel zum Aufweiten von *a*; *c* Verstelldorn; *d* Vierkant

Läpphulse und Aufbringen einer neuen wird die Kegelspindel ein Stück zurückgeschraubt und der geschlitzte Dorn mit einer zugehörigen Zange zusammengedrückt.

Handläppwerkzeuge für Außenrundläpparbeiten können fast genau so aufgebaut sein (Abb. 18), nur daß die Läpphülse in dem Läppdorn mit kegeliger Bohrung angeordnet ist und einen Außenkegel zum Verstellen des Durchmessers besitzt. Die Arbeitsfläche ist dann die zylindrische Bohrung der Läpphülse. Zum Zustellen wird die Läpphülse mit einem Amboß in den Läppdorn hineingeschlagen und dabei in ihrem Durchmesser zylindrisch verkleinert.

Bei sehr großen Durchmessern außenrunder Werkstücke, die geläppt werden sollen, würden Läppwerkzeuge der eben beschriebenen Art sehr schwer und da-

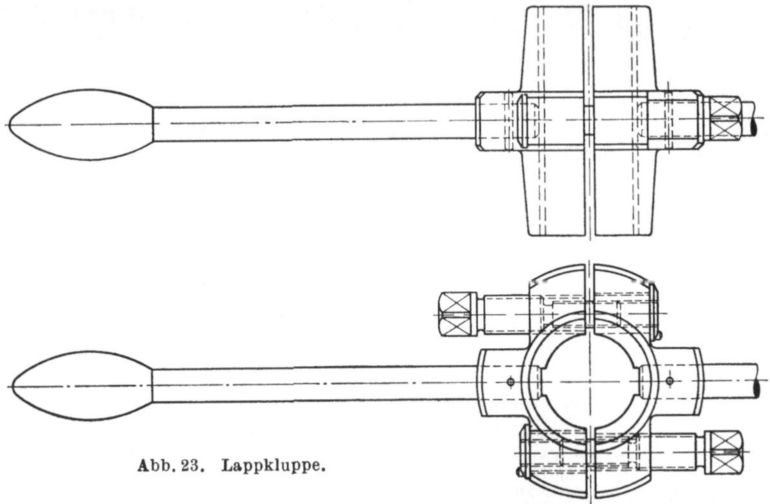

Abb. 23. Lappkluppe.

durch unhandlich. In solchen Fällen werden mit gutem Erfolg sogenannte Läppkluppen verwendet. Diese bestehen aus einem zweiteiligen Lagerkörper (Abb. 23),

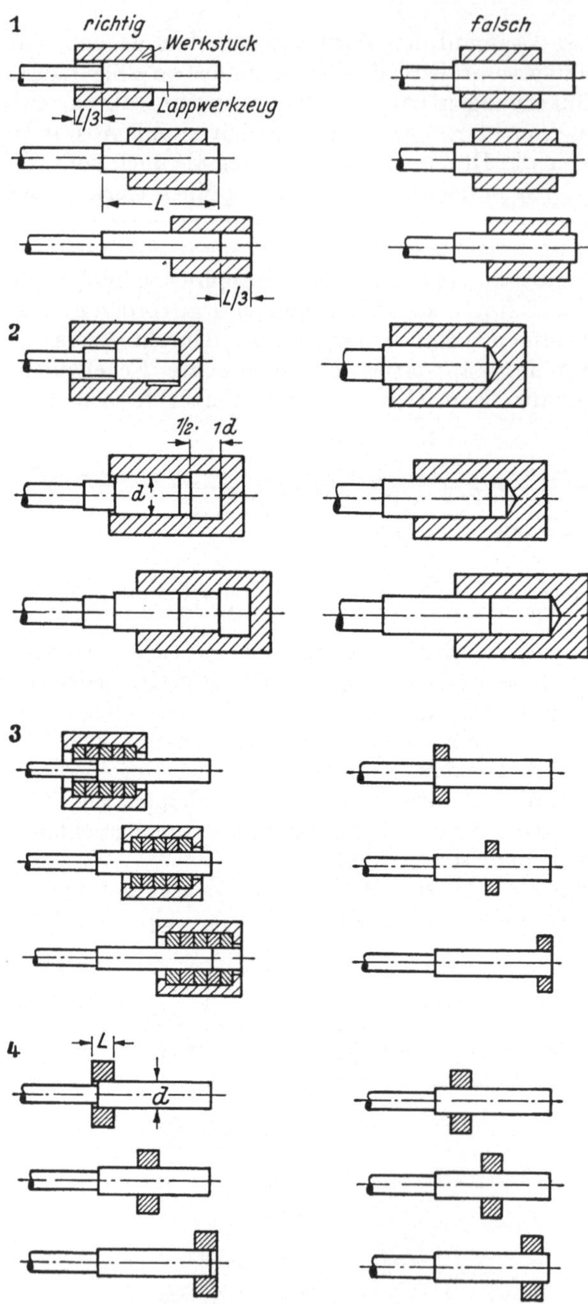

Abb. 24. Lappregeln fur Innenrundlappen.

Zu *1* Hubbewegung so groß ausfuhren, daß Lapphulse Werk-
stuckkanten uberlauft. Bohrung wird noch besser, wenn
Werkstuck beim Lappen mehrmals umgedreht wird. Mehr
Hub- als Drehbewegung vorsehen.

Zu *2* Bei Sackbohrungen Freistich im Grunde vorsehen Lapp-
hulsenlange gleich oder kurzer als Lapplange des Werkstuckes Hubbewegung klein, mehr Drehbewegung.

Zu *3* Werkstucke kurzer Lapplange paketieren Lappvorgang
wie unter *1*.

Zu *4* Bei Werkstucken mit *L* gleich oder etwas großer als *d* nur sehr
kleinen Überlauf vorsehen. Mehr Dreh- als Hubbewegung.

der mit Hilfe zweier Diffe-
renzgewindespindeln zu-
sammen- oder auseinander-
gezogen werden kann, und
die eigentliche Läpphülse
aufnimmt. Diese kann
durch Betätigung der Dif-
ferenzgewindespindeln in
ihrem Durchmesser sehr
feinfühlig und genau zy-
lindrisch verstellt werden.

Es wurde schon auf
zahlreiche andere Bau-
möglichkeiten von Hand-
läppwerkzeugen hingewie-
sen. Da die hier beschriebenen Werkzeuge aber bei
einfachstem Aufbau genau
zylindrisch aufweiten und
dabei genaue Arbeitsergebnisse liefern, haben sie sich
besonders gut einführen
können und werden auch
in nur wenig abgewandelter
Form zum maschinellen
Läppen von Bohrungen auf
Innen- und Außenrund-
läppmaschinen verwendet.

Das Arbeiten mit Hand-
läppwerkzeugen ist bei
einiger Übung sehr einfach.
Das Läppmittel wird dünn
auf die Läpphülse aufge-
tragen und gleichmäßig verteilt. Hierfür wird zweckmäßig ein Pinsel verwendet.
Ein Übergießen mit Läpp-
mittel oder gar ein stän-
diger Läppmittelzufluß ist
unbedingt zu vermeiden,
da hierdurch die Arbeits-
genauigkeit ebenso wie die
Schnittleistung leiden würde. Das mit Läppmittel
versehene Werkzeug wird
in die Bohrung des Werk-
stückes eingeführt und so
lange aufgeweitet, bis es
die Bohrung voll ausfüllt
und mit Druck an den
Bohrungswänden anliegt,

sich aber noch schiebend von Hand bewegen läßt. Nunmehr werden die Läpp-
bewegungen, Drehung und Hin- und Herbewegung, ausgeführt und die Läpphülse aufgeweitet, sobald durch Nachlassen des Widerstandes feststellbar ist, daß

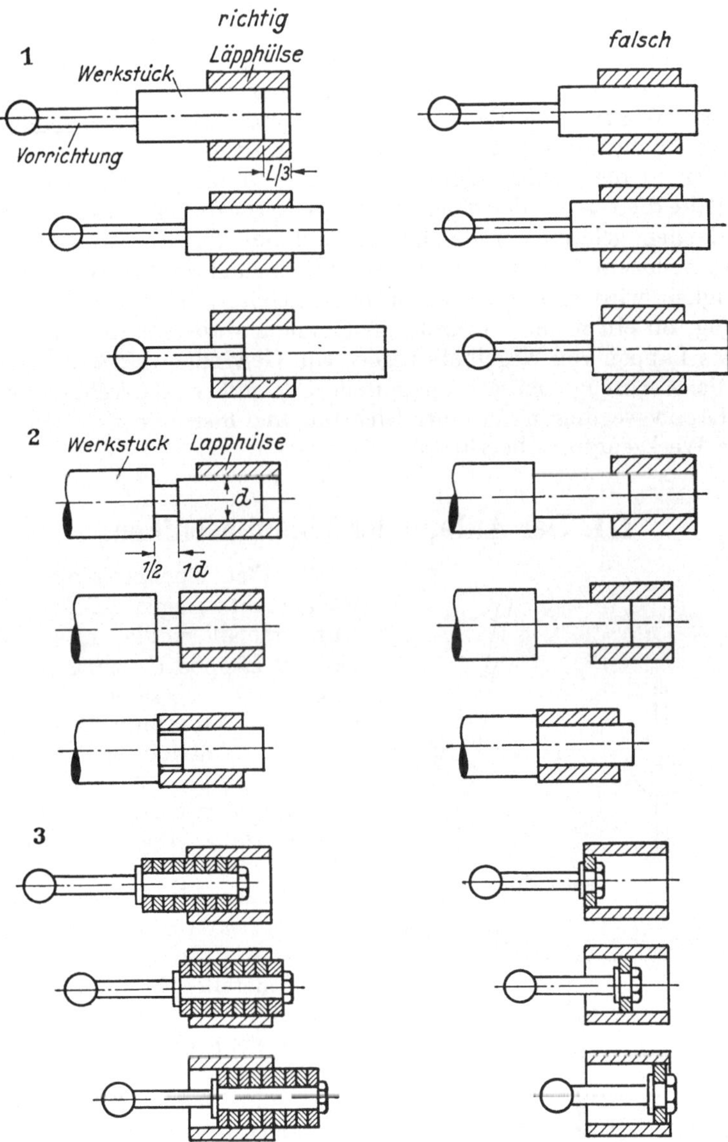

Abb. 25. Lappregeln fur Außenrundlappen.
Zu 1 Hubbewegung so groß ausfuhren, daß Werkzeug Werkstuckkanten uberlauft.
Mehr Hub- als Drehbewegung vorsehen.
Zu 2 Bei abgesetzten Wellen Freistich vorsehen. Lapphulse gleich oder kurzer als
Lapplange Werkstuck. Hubbewegung klein, mehr Drehbewegung.
Zu 3 Werkstucke kurzer Lapplange zu mehreren paketieren Lappvorgang wie unter 1.

die Bohrung sich bereits erweitert hat. Die hin- und hergehende Bewegung ist so
zu bemessen, daß beide Enden der Läpphülse abwechselnd ganz in die Bohrung
eintreten (Abb. 24 unter 1), die Läpphülsenlänge also ganz ausgenutzt wird.
Andererseits muß die Läpphulse in ihren Endstellungen mindestens noch einhalb

bis zweidrittel der Bohrung ausfüllen, um ausreichende Führung zu haben, denn Werkzeug und Werkstück werden nicht gegeneinander gehalten sondern zentrieren sich aufeinander.

Für Außenrundläpparbeiten gilt sinngemäß das gleiche, und bei Beachtung der vorgenannten Punkte lassen sich Form- und Maßgenauigkeiten in der Größenordnung bis $1\,\mu$ erreichen. Einige wichtige Läppregeln für gewöhnliche Bohrungen, für Sacklöcher, sowie für sehr schmale durchgehende Bohrungen, wie auch für entsprechende Werkstücke, die außengeläppt werden, sind als Gegenüberstellung von „richtig" und „falsch" in Abb. 24 u. 25 dargestellt.

Es werden in der Praxis zahlreiche andere Handläppverfahren angewendet, mit deren Hilfe die verschiedenst geformten Werkstücke, teilweise auch mit kurvenförmigen Flächen, geläppt werden. Hierbei hält sich aber die Werkzeugform nicht, es wird also nicht ein Werkstück wie das andere, sondern die Werkstückform und die Genauigkeit wird von Stück zu Stück schlechter. Es bedarf einer ständigen Überprüfung, ob ein neues Werkzeug genommen werden muß. Aufgaben dieser Art sind das Läppen von Kegelbohrungen, von Gewinden und ähnlichen Kurvenflächen. Die Werkzeuge müssen die genaue Gegenkurve darstellen, diese erlaubt aber eine Läppbewegung in nur einer Richtung und hierin liegt das schnelle Nachlassen der Werkzeugform begründet.

III. Der Aufbau der Läppmaschinen.

12. Flachläppmaschinen haben eine waagerecht angeordnete Läppscheibe mit meist ringförmiger Läppfläche Da die Läppbearbeitung nur unter geringen Läppgeschwindigkeiten von höchstens 200 m/min ablaufen soll, erfolgt der Antrieb vielfach über einen Schneckentrieb, der die hohe Drehzahl des Antriebsmotors entsprechend heruntersetzt. Der Grundaufbau einer solchen Flachläppmaschine zeigt daher ein Gehäuse mit dem Schneckenantrieb und der senkrechten Läppspindel, die an ihrem oberen, freien Ende einen Aufnahmeteller für die Läppscheibe hat (Abb. 26).

Die Schneckenwelle wird entweder unmittelbar von einem Flanschmotor oder unter Zwischenschaltung eines Riemens angetrieben, der als elastisches Zwischenglied eine sehr günstige Wirkung hat. Als Riementrieb genügt bei leichten Maschinen ein Flachriemen, bei stärkeren ist ein Keilriemen vorzuziehen. Das Ein- und Ausschalten der Läppscheibenbewegung durch unmittelbare Betätigung des Antriebsmotors kann

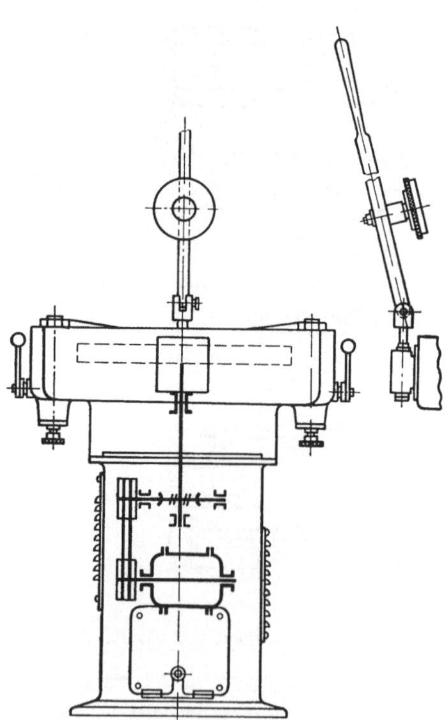

Abb. 26. Aufbau und Antriebsschema einer Flachläppmaschine.

sehr zweckmäßig durch einen Fußschalter vorgenommen werden, da der Bedienungsmann dann die Hände für die Arbeit frei hat. Die elektrische Schaltung einer solchen Flachläppmaschine ist außerordentlich einfach, selbst wenn zusätzlich eine Elektropumpe zur Förderung von Spülöl in den Maschinenfuß eingebaut ist.

Die Läppscheibe muß bei Arbeiten mit verschiedenem Läppkorn gewechselt werden. Die Befestigungsschrauben am Läppscheibenträger (Abb. 15) sind stets nur leicht anzuziehen, um ein Verspannen der Läppscheibe zu vermeiden. Dies ist zulässig, da die Maschinen so gebaut sind, daß die Läppscheibe noch festgehalten wird, selbst wenn alle Befestigungsschrauben sich lockern sollten. Der Läppscheibenträger muß genau eben sein, um den verschiedenen Läppscheiben eine gute Auflagefläche zu bieten; auf seine Ebenheit muß immer wieder geachtet werden. Nötigenfalls wird er durch Schaben nach einer Tuschierplatte wieder hergerichtet.

Die Werkstücke müssen bei der Läppbearbeitung festgehalten werden, weil sie sonst durch Reibung von der Läppscheibe mitgerissen würden. Da die Werkstücke

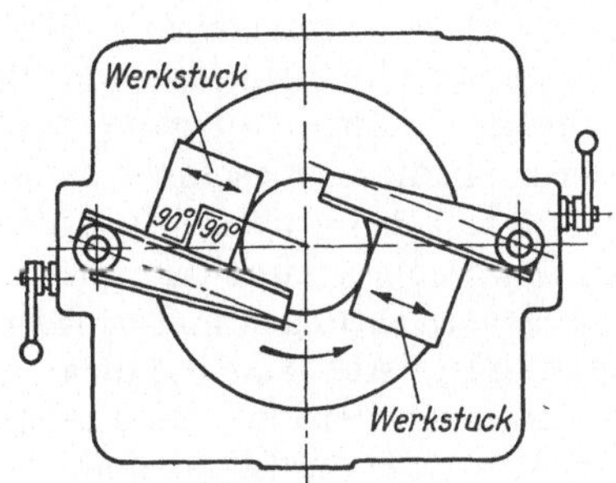

Abb. 27. Einstellung der Haltearme einer Flachlappmaschine bei Zweimannbedienung.

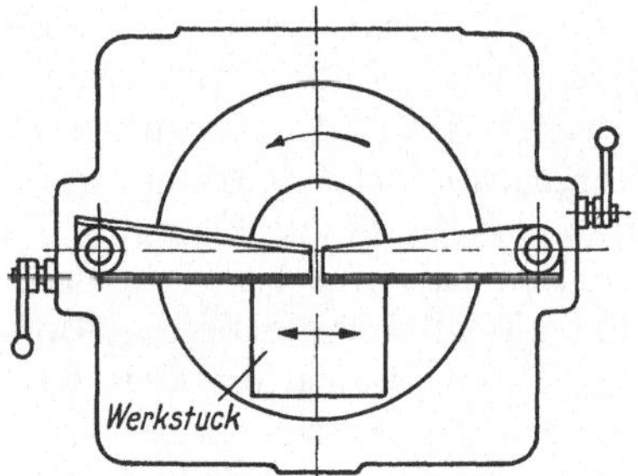

Abb. 28. Einstellung der Haltearme für ein größeres Werkstuck.

bei Läpparbeiten auf Flachläppmaschinen vielfach von Hand gehalten werden, sind Haltehebel vorgesehen, die eine Anlage für die Werkstücke bilden. Diese Haltehebel (Abb. 27 bis 29) sind schwenkbar und in der Höhe einstellbar. Die

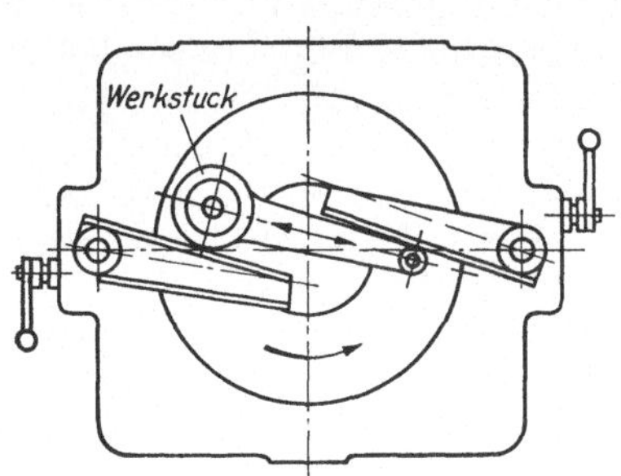

Abb. 29. Stellung der Haltearme für ein sehr großes, unterbrochenes Werkstuck.

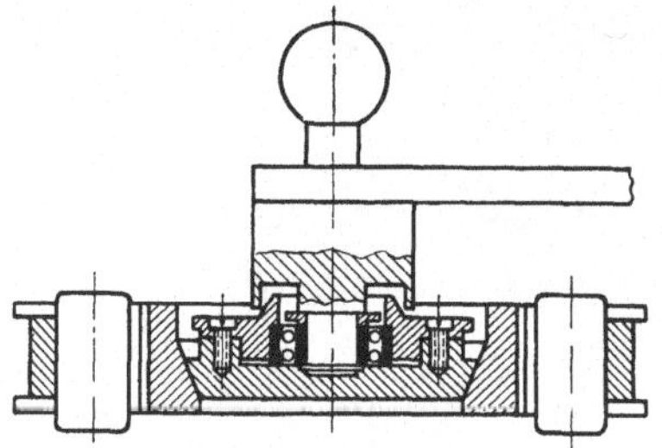

Abb. 30. Tragvorrichtung für mehrere gleichzeitig zu lappende zylindrische Werkstücke (Stirnflächen-Lappen) (siehe auch Abb. 66).

Höhenlage wird so gewählt, daß zwischen Hebel und Läppscheibenfläche etwa 0,5···1 mm Luft bleibt. Bei Abnutzung der Läppscheibe kann der Hebel stets wieder nachgestellt werden.

Die richtige Schwenkstellung der beiden Hebel ist dann gegeben, wenn der Flächenschwerpunkt des zu läppenden Werkstückes sich radial zur Läppscheibe in Ruhe befindet, d. h. wenn die an dem Hebel anliegenden Werkstücke durch die Reibung beim Läppen weder nach außen gedrückt noch nach innen gezogen werden. Abb. 27 zeigt die Einstellung der Haltearme so, daß die Maschine von zwei Mann und von zwei Seiten gleichzeitig bedient werden kann, also wie eine Doppelmaschine wirkt. Bei größeren Werkstücken ist eine Hebeleinstellung nach Abb. 28 angebracht. Sehr große, unterbrochene Werkstücke können auch gemäß Abb. 29 auf beiden Seiten der Läppscheibe gleichzeitig geläppt werden. Die beiden Haltearme werden dann so eingestellt, daß das Werkstück zwischen ihnen gehalten ist. Der Führungsarm einer Flachläppmaschine kann auch in der Läppscheibenmitte exzentrisch gelagert und angetrieben werden. Er wird dann außen nur gegen Mitnahme gehalten. Die an ihn angelegten Werkstücke erhalten eine vom Mittelpunkt der Läppscheibe zum Umfang hin gerichtete kurvenförmige Bewegung, die sich günstig auf die Gleichmäßigkeit der Läppflächen auswirkt. An einen solchen von der Mitte aus exzentrisch bewegten Führungsarm lassen sich dann Werkstückhalteeinrichtungen anbauen, in die die Werkstücke eingelegt werden. Diesen werden so mehrere überlagerte Bewegungen erteilt.

Flachläppmaschinen werden mit Läppscheibendurchmessern von 200···2000 mm gebaut. Sie erhalten durchweg nur eine Läppscheibendrehzahl, da, wie bereits einmal erwähnt, die Schnittgeschwindigkeit für den Läpparbeitsgang nur von untergeordneter Bedeutung ist. Die Antriebsleistung dieser Maschinen geht von rund 0,2 KW bei den kleinsten Maschinen bis zu 3 KW bei großen. Je größer die Flachläppmaschine ist, d. h. also, je größer der Läppscheibendurchmesser ist, umso mehr Möglichkeiten für den Anbau von Bewegungsvorrichtungen sind erforderlich.

a) Vorrichtungen für Flachläppmaschinen. Auf Flachläppmaschinen können auch Vorrichtungen für Werkstücke angebaut werden, die diesen eine zykloidische Bewegung über die Läppscheibe erteilen. Um die Läppscheibe herum wird ein fester Zahnkranz angeordnet und in der Mitte der Läppscheibe ein sich mit ihr drehender kleinerer, zum ersten konzentrischer Zahnkranz (Abb. 30 und 68). Zwischen den beiden Zahnkränzen laufen verzahnte Scheiben wie die Räder eines Planetengetriebes, sobald der innere Zahnkranz zusammen mit der Läppscheibe gedreht wird. Die Werkstücke werden in Aussparungen der verzahnten Scheiben eingelegt und nötigenfalls durch ein Gewicht zur Erzeugung des erforderlichen Läppdruckes belastet.

Eine andere, sehr wirkungsvolle Vorrichtung zum Läppen von Werkstücken beruht auf der Tatsache, daß die Reibungsmitnahme eines Werkstückes am äußeren Umfang der Läppscheibe größer ist als am inneren. Wird ein Werkstück auf der Läppscheibe drehbar gelagert, oder werden durch eine besondere Vorrichtung sogar mehrere Werkstücke drehbar gehalten (Abb. 30), so nehmen diese durch die Reibwirkung auf der Läppscheibe eine Drehbewegung auf, deren Größe sich so einstellt, daß die Läppwirkung innen und außen auf der Scheibe gleichgroß und ihre Abmessung über die ganze Breite gleichmäßig ist.

Bei einer besonderen Form von Flachläppmaschinen ist über der horizontalen Läppscheibe an einem Schwenkarm eine besondere Werkstückspindel zur Aufnahme und Drehung von Werkstücken in Spanneinrichtungen vorgesehen (Abb. 31). Diese

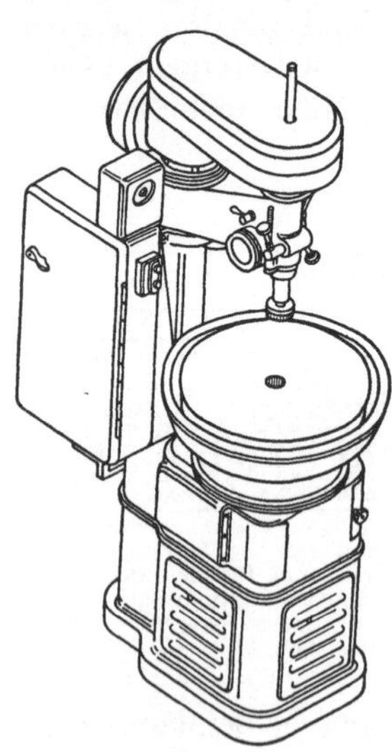

Abb. 31. Flachläppmaschine mit schwenkbarem Ausleger und daran angeordneter Spindel mit Spanneinrichtung für die Werkstücke.

Werkstückspindel erhält durch einen besonderen kleinen Antriebsmotor eine Drehbewegung und der Auslegerarm, in dem sie gelagert ist, erhält eine schwingend hin- und hergehende Bewegung, die in weiten Grenzen so einstellbar ist, daß das eingespannte umlaufende Werkstück gleichmäßig die ganze Läppscheibenbreite bestreicht. Diese Anordnung macht es notwendig, daß eine solche an sich einfache Flachläppmaschine mit drei Antriebsmotoren, je einem für die Läppscheibe, die Werkstückspindel und die Tragarm-Bewegung, ausgerüstet werden muß. Die Werkstückspindel selbst enthält einen Innenkegel zur Aufnahme von Spanneinrichtungen für ein oder mehrere Werkstücke, wobei diese im Kreis um die Werkstückspindel herum angeordnet werden.

Die Darlegungen zeigen bereits, daß auch bei einfachen Flachläppmaschinen auf die Möglichkeit des Anbaues von Werkstück-Bewegungseinrichtungen gesehen werden muß, da erst damit eine hohe Maschinenleistung durch gleichzeitiges und zwangsläufiges Läppen mehrerer Werkstücke erreicht wird. Nur ganz kleine Flachläppmaschinen werden als einfache, offene Maschinen ausgebildet, bei denen die Läpp-Platte oben vollkommen freiliegt, ohne die Möglichkeiten für den Anbau von Einrichtungen. Sonst wird das Gehäuse stets so ausgebildet, daß die Läppscheibe in einer Fangschale läuft, die einen Unfallschutz bildet und zugleich ablaufendes Läppmittel auffängt. Bei einigen Flachläppmaschinen ist die Läppscheibe überhaupt nur zum Teil sichtbar und zum anderen Teil vollständig von einer Platte abgedeckt, die zugleich als Anlage für die Werkstücke dient (Abb. 32).

b) Die Arbeitsgenauigkeit der Flachläppmaschine wird entscheidend beeinflußt von der Genauigkeit der Läppscheibe, d. h. von ihrer Ebenheit und guten

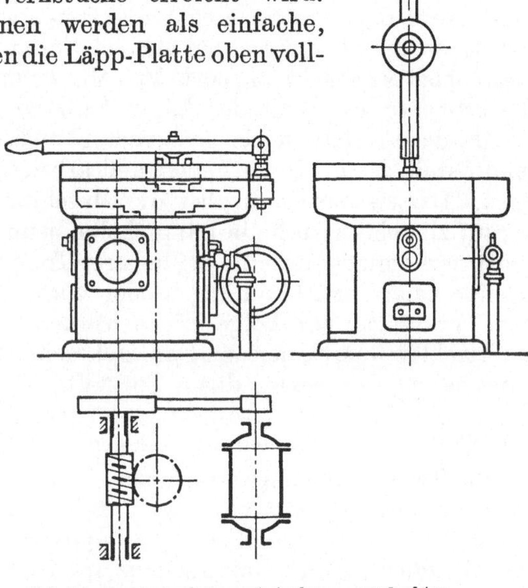

Abb. 32. Lappmaschine mit teilweise verdeckter Lappscheibe und Abrichtvorrichtung.

Oberfläche. Von einer neuen, erstmalig auf die Maschine gebrachten Läppscheibe kann nicht verlangt werden, daß sie wirklich genau eben läuft. Aber auch im Betrieb läßt sich eine Formänderung der Läppscheibe durch ungleichmäßige Abnutzung nicht vermeiden. Es ist deshalb notwendig, neue Läppscheiben vor Beginn der Arbeit und im Gebrauch befindliche Läppscheiben in gewissen Zeitabständen abzurichten. Hierfür wird bei den meisten Flachläppmaschinen eine besondere, an der Fangschale schwenkbar angeordnete Abrichtvorrichtung mitgeliefert (Abb. 33), die aus einer kleinen drehbar gelagerten Läppscheibe an einem Haltearm besteht. In dieser Läppscheibe kann zusätzlich noch eine kleine Zonenabrichtläppscheibe (a in Abb. 33) angeordnet werden. Vor dem Abrichten wird zunächst festgestellt, welche Formfehler die Läppscheibe aufweist. Meistens treten kleine Unebenheiten zonenmäßig auf, also

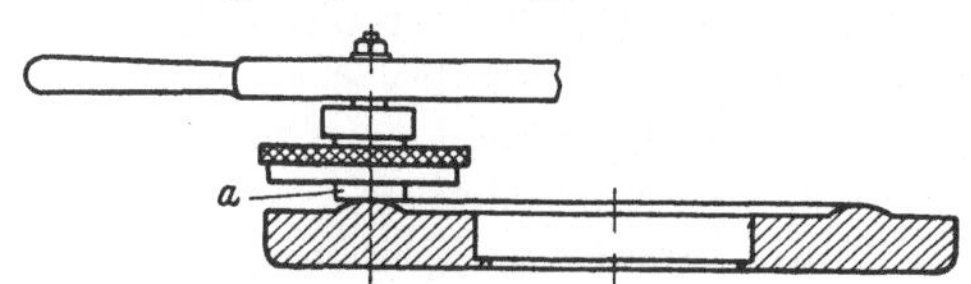

Abb. 33. Abrichtvorrichtung. a Zonenabrichtlappscheibe.

beispielsweise wie in Abb. 33 auf der Mitte der Läppscheibenbreite. Mit der Zonen-Abrichtläppscheibe wird diese Erhöhung unter Zuhilfenahme von Läppmitteln weggearbeitet. Dabei kommt die kleine Abrichtläppscheibe durch die Reibung an der Läppscheibe in Eigendrehung, so daß sich kreuzende Spuren des Läppmittels auf der Läppscheibe entstehen. Sind die Unebenheiten der Läppscheibe stärker (Abb. 34 und 35) so

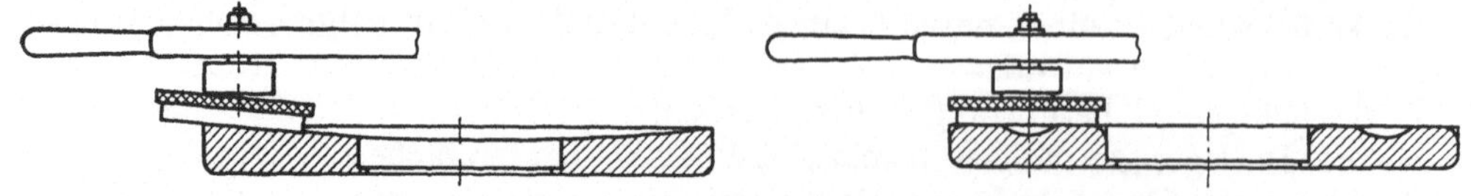

Abb. 34 und 35. Abrichten von Lappscheiben mit größeren Ungenauigkeiten.

ist die größere Abrichtläppscheibe zu verwenden. Hierbei wird diese mit dem Haltehebel über die Scheibenbreite hin- und herbewegt und an den Stellen, die stärker weggearbeitet werden müssen, durch zusätzlichen Druck von Hand an dem Haltehebel verstärkt angedrückt. Mit einem Tuschierlineal wird zwischendurch die erreichte Ebenheit der Läppscheibe geprüft.

Da das Abrichten bei gröberem Läppmittel besonders schnell geht, beseitigt man damit die größeren Fehler und arbeitet erst anschließend mit feinem Läppkorn. Dazwischen muß aber die Maschine sorgfältig gereinigt werden. Es ist darauf zu achten, daß die Läppscheibe beim Abrichten nicht heiß wird, es könnte sonst vorkommen, daß die bei höherer Temperatur genau eben abgerichtete Läppscheibe nach der Abkühlung wieder Formfehler zeigt, die ungenaue Läppflächen der Werkstücke zur Folge haben würden.

Flachläppmaschinen sind an sich sehr einfache Werkzeugmaschinen, die bei Anwendung der notwendigen Sorgfalt sehr genaue Arbeiten ermöglichen. Die Leistung kann durch Zusatzeinrichtungen zur Führung und zusätzlichen Bewegung der Werkstücke wesentlich gesteigert werden.

13. Zweischeibenläppmaschinen dienen zum Läppen von Werkstücken mit planparallelen Flächen sowie von Außenzylindern. Sie haben zwei übereinander angeordnete, waagerecht liegende Läppscheiben, deren Achsen in der Regel genau übereinander liegen. Nur bei ganz speziellen Bearbeitungen kann es erforderlich werden, die beiden Läppscheiben exzentrisch zueinander oder gegeneinander pendelnd umlaufen und arbeiten zu lassen. Die obere Läppscheibe wird angehoben und gesenkt, um nach der Bearbeitung einer Werkstückladung — bei der Bearbeitung auf diesen Maschinen werden fast immer mehrere Werkstücke zu einer Ladung zusammengefaßt und gleichzeitig geläppt — Raum für das Herausnehmen der fertigen Teile und Einlegen der nächsten Ladung zu haben. Da der sich durch die reine Hubbewegung der oberen Läppscheibe ergebende Raum selbst dann nicht sehr groß ist, wenn die Hubbewegung der oberen Läppscheibe lang wird, bildet man die Zweischeibenläppmaschinen vielfach so aus, daß die Spindel der oberen Läppscheibe in einem um eine Säule schwenkbaren Arm gelagert ist (Abb. 36), so daß die Läppscheibe nach dem Anheben auch seitlich weggeschwenkt werden kann. Dann bereitet das Einlegen und Herausnehmen der Werkstücke keinerlei Schwierigkeiten mehr, da die Arbeitsfläche auf der unteren Läppscheibe vollkommen frei zugänglich ist. Der schwenkbare Auslegerarm der oberen Läppscheibe wird durch einen Anschlag begrenzt, sobald beide Läppscheibenachsen miteinander fluchten, und in dieser Stellung festgeklemmt.

Es sind zwei Hauptformen von Zweischeibenläppmaschinen zu unterscheiden:
Maschinen mit festem Rahmen für beide Läppscheiben (Abb. 37),
Maschinen mit ausschwenkbarem Auslegerarm der oberen Läppscheibe (Abb. 36).

Die untere Läppscheibe liegt stets und bei allen Maschinenarten fest im Untergestell und erhält einen Drehantrieb. Hierfür wird gewöhnlich eine Drehzahl, durch polumschaltbaren Motor zwei Drehzahlen, vorgesehen; sie genügt auch, da die Läppbearbeitung unempfindlich gegen kleinere Geschwindigkeitsschwankungen ist. Für die obere Läppscheibe ergeben sich verschiedene Möglichkeiten. Bei einfachen Maschinen (Abb. 38) erhält die obere Läppscheibe keinen eigenen Drehantrieb. Sie kann, an ihrer Läppspindel drehbar aufgehängt, bei der Bewegung

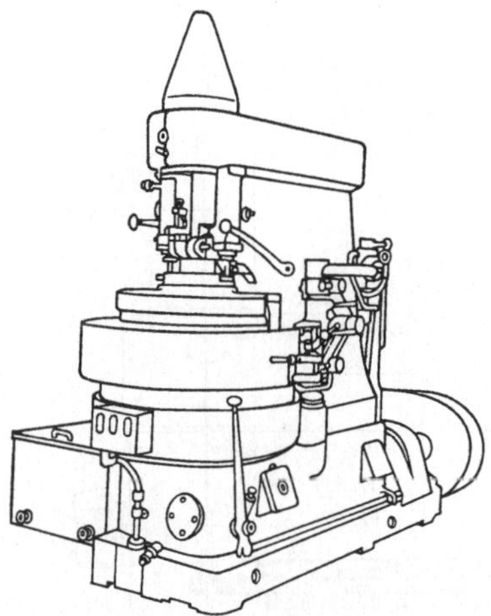

Abb 37. Lappmaschine mit festem
Rahmen fur beide Lappscheiben

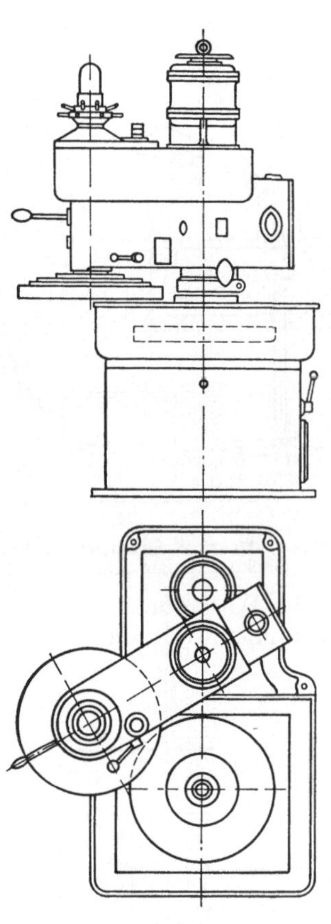

Abb. 36 Zweischeibenlappmaschine
mit ausschwenkbarer oberer Lappscheibe. Beide Lappscheiben
angetrieben

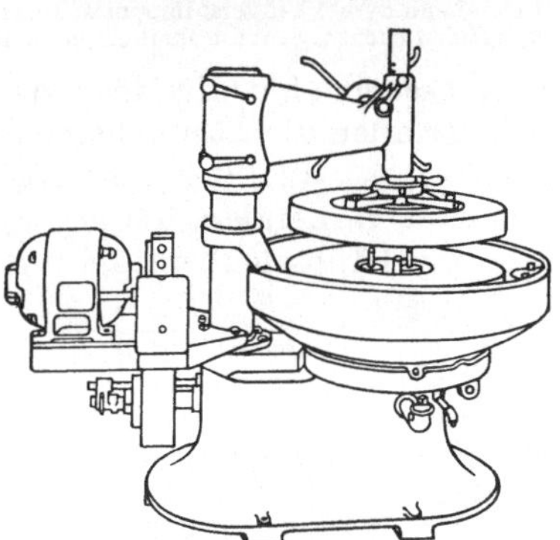

Abb 38 Einfache Zweischeiben-
lappmaschine. Obere Lappscheibe
nicht angetrieben.

der Werkstücke mitgeschleppt werden oder sie wird an ihrer Spindel festgestellt, kann also keine Drehbewegung mitmachen. Bei großen Zweischeibenläppmaschinen und solchen für sehr hohe Leistung erhält auch die obere Läppspindel einen Drehantrieb, der nach Bedarf ausgeschaltet werden kann, so daß die Läppscheibe dann von den Werkstücken mitgeschleppt wird oder, nach Festsetzung, ohne Drehung auf den Werkstücken aufliegt. Die obere Läppscheibe kann zusammen mit der unteren durch denselben Motor angetrieben werden (Abb. 39) oder jede der beiden Läppscheiben hat ihren eigenen Motor (Abb. 40).

Genaue Werkstücke werden geläppt, wenn sich die obere Läppscheibe frei auf die Werkstücke auflegen kann. Sie wird deshalb pendelnd aufgehängt. Hierfür gibt es verschiedene Bauweisen. Die Läppspindel der oberen Läppscheibe trägt

ein Pendelkugellager (Abb. 41), dessen Außenring im Läppscheibenträger sitzt.
Dieser kann sich daher im Raum frei einstellen und die an ihm befestigte ring-

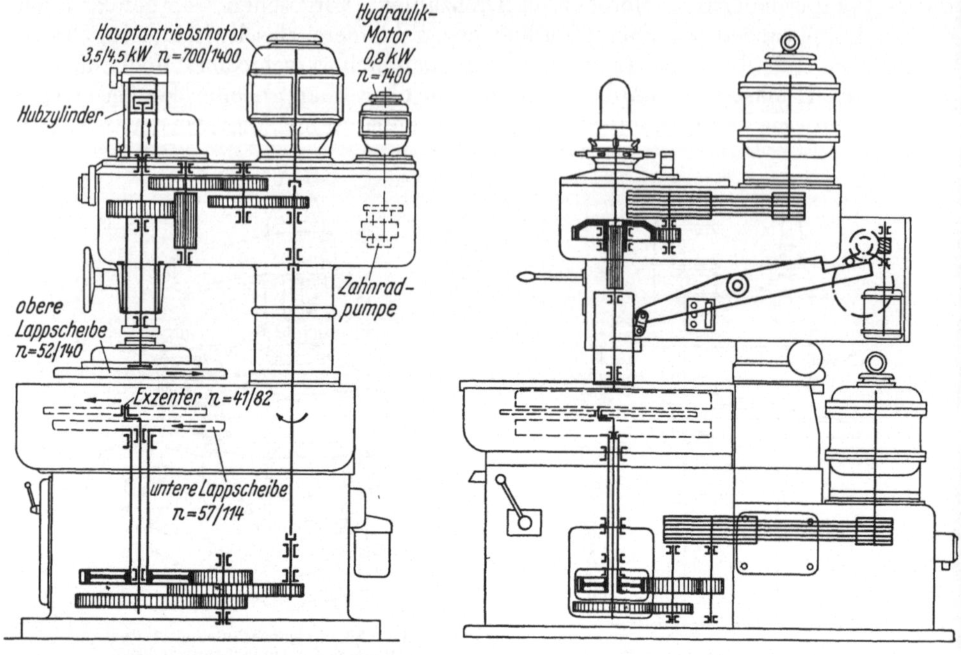

Abb. 39. Getriebeplan einer Universallappmaschine mit
hydraulischer Hubeinrichtung für die obere Lappscheibe.

Abb. 40. Mehrmotorenantrieb einer
Senkrechtlappmaschine.

förmige Läppscheibe hat die Möglichkeit, sich auf die Werkstücke frei aufzulegen.
Um in Sonderfällen die Läppscheibe festsetzen zu können, d. h. um die Pendelung
auszuschalten, ist auf der Läppspindel eine
Gewindemutter vorhanden, die gegen die obere
Stirnfläche des Läppscheibenträgers geschraubt

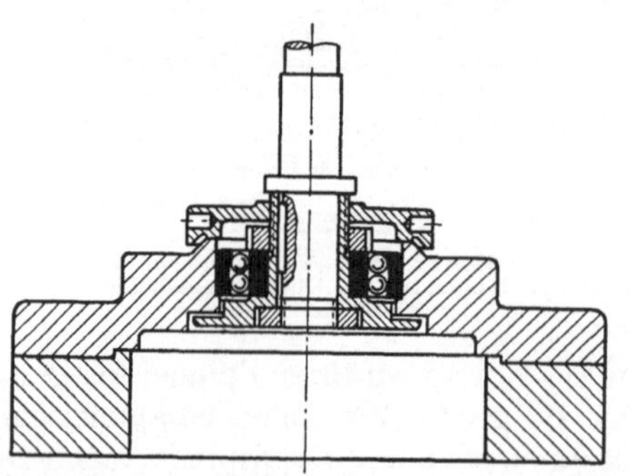

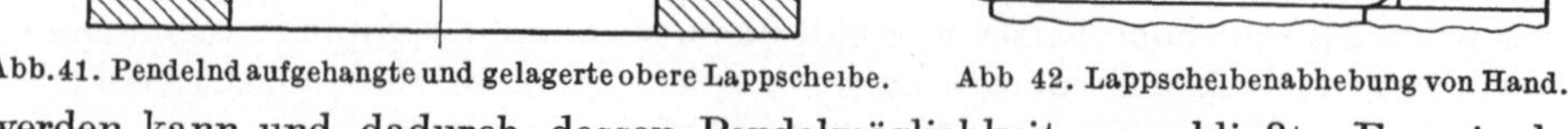

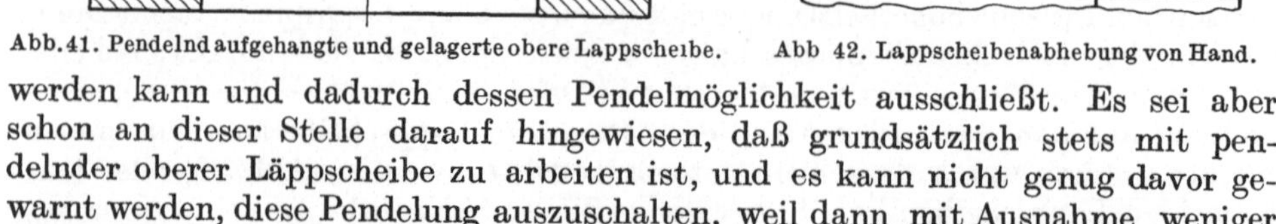

Abb. 41. Pendelnd aufgehängte und gelagerte obere Lappscheibe.   Abb 42. Lappscheibenabhebung von Hand.

werden kann und dadurch dessen Pendelmöglichkeit ausschließt. Es sei aber
schon an dieser Stelle darauf hingewiesen, daß grundsätzlich stets mit pen-
delnder oberer Läppscheibe zu arbeiten ist, und es kann nicht genug davor ge-
warnt werden, diese Pendelung auszuschalten, weil dann mit Ausnahme weniger
Sonderfälle stets die Arbeitsergebnisse schlechter werden.
     Anheben kann man die obere Läppscheibe bei kleineren Maschinen vielfach von
Hand (Abb. 42). Bei größeren Maschinen mit hohem Läppscheibengewicht wird

zur Vereinfachung der Bedienung stets eine maschinelle, entweder hydraulische oder elektrische Bewegung vorgesehen. Die Anordnung bei hydraulischer Einrichtung mit elektrisch angetriebener Zahnradpumpe und Hubzylinder zeigt Abb. 39, während eine elektro-mechanische Hubeinrichtung in Abb. 40 gezeigt ist, bei der ein Elektromotor über ein Schneckengetriebe, ein Zahnsegment und ein Hebelsystem die Läppscheibe anhebt und absenkt. Während bei der hydraulischen Einrichtung der Hydraulikmotor ständig läuft, wird der Hubmotor bei der elektro-mechanischen Einrichtung durch Endschalter betätigt und läuft nur beim Heben oder Senken.

a) **Belastungseinstellung der oberen Läppscheibe.** Die hydraulische Einrichtung nach Abb. 39 kann gleichzeitig auch für das Be- und Entlasten der oberen Läppscheibe Verwendung finden. Es ist nämlich bei dünnwandigen oder sonst empfindlichen Werkstücken vielfach notwendig, die obere Läppscheibe nicht mit ihrem vollen Eigengewicht auf den Werkstücken aufliegen zu lassen, sondern einen Teil dieses Gewichtes abzufangen und dadurch den spezifischen Läppdruck der Werkstücke zu verringern. Eine solche Entlastung ist mit der hydraulischen Einrichtung nach Abb. 39 jederzeit möglich, indem ständig ein gewisser Öldruck unter dem Hubkolben gehalten wird. Bei Werkstücken mit sehr großer Läppfläche kann der erforderliche spezifische Läppdruck erreicht werden, auch wenn das Eigengewicht der Läppscheibe nicht ausreicht, wenn vermittels des Hubzylinders ein zusätzlicher Druck auf die Läppscheibe durch einen Öldruck oberhalb des Hubkolbens ausgeübt wird. Ein Belasten kommt allerdings seltener vor als das Entlasten.

Eine Entlastung kann auch bei mechanisch oder elektromechanisch betätigter Läppscheibenbewegung er-

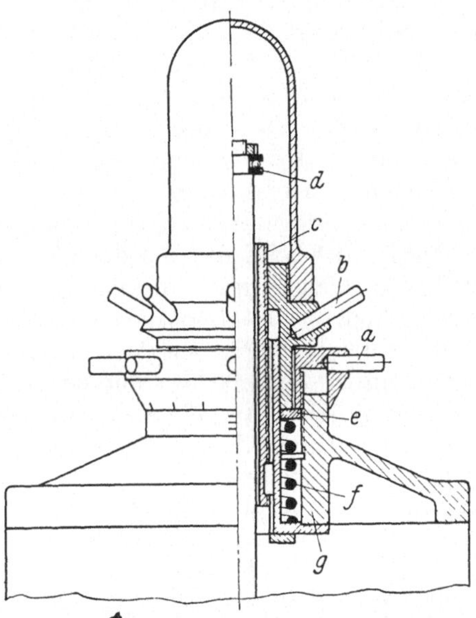

Abb. 43   Druckeinstellung und Druckentlastung der oberen Läppscheibe *a* Ringmutter, *b* Verstellmutter; *c* Läppspindel (hohl). *d* Kugellager; *e* Druckplatte; *f* Feder, *g* Gehäuse.

möglicht werden (Abb. 43). Diese Einrichtung beruht darauf, daß die mit der Läppspindel fest verbundene Verstellmutter *b* auf der Druckfeder *f* aufliegt. Die Einstellung kann nun so vorgenommen werden, daß durch Drehen der Ringmutter *a* über die Druckplatte *e* die Spiralfeder *f* mehr oder weniger vorgespannt wird und dadurch eine größere oder kleinere Entlastung über die Ringmutter *b* auf die Läppspindel *c* ausübt. Die Läppspindel *c* steht fest und in ihr dreht sich die eigentliche Spindel, die über ein Druckkugellager *d* in Arbeitsstellung mit der Spindel *c* verbunden ist, während sie beim Anheben der oberen Läppscheibe zum Laden oder Entladen der Maschine vollkommen abgehoben wird, wie es Abb. 43 zeigt. Für die erstmalige Einstellung wird die Läppscheibe auf den Werkstücken zum Aufliegen gebracht und die Gewindespindel *c* so lange verdreht, bis sie mit dem Kugellager *d* in Berührung kommt. In diesem Augenblick ist eine Kraftschlüssigkeit zwischen Läppspindel und Kugellager *d*, Spindel *c* mit Griffstern *b*, Federteller *e*, Feder *f* und Gehäuse *g* erreicht. Wird der Griffstern *b* jetzt um einen kleinen Betrag weitergedreht, so ruht er auf dem

Federteller *e* und die mit dem Griffstern *a* nach Skala eingestellte Entlastung ist wirksam. Die Entlastung ist zwischen den Werten 0 und voller Last stufenlos möglich.

Eine mechanische zusätzliche Belastung ist nicht möglich, es ist auch die Frage, ob eine zusätzliche Belastung bei einer mit Ausleger gebauten Zweischeibenläppmaschine am Platze ist, da die Belastung unbedingt zur Folge hat, daß der Auslegerarm der oberen Lappspindel sich aufzubäumen versucht. Dadurch treten erhöhte Belastungen der Drehsäule dieses Auslegerarmes auf. Es erscheint deshalb ganz allgemein vorteilhaft, eine notwendige höhere Belastung durch Erhöhung des Eigengewichtes, also des Gewichtes der oberen Läppscheibe oder ihres Läppscheibenträgers zu erreichen, da dieses erhöhte Gewicht dann vollständig von den Werkstücken aufgenommen wird und keine Rückwirkung auf das Maschinengestell hat.

b) Für den Antrieb der Werkstückvorrichtungen ist meistens in die hohle Spindel der unteren Läppscheibe eine besondere Antriebswelle eingebaut, die über ein Getriebe eine besondere Antriebsbewegung erhält. Abb. 39 und 40 lassen erkennen, wie die Bewegungen dieser Antriebswelle von der Bewegung der unteren Läppscheibe abgeleitet wird. Der Unterschied in der Drehzahl der Antriebswelle und der Läppscheibe braucht nicht groß zu sein. Wichtig ist aber, daß beide sich erst nach einer recht hohen Drehzahl wieder decken, d. h., daß das Übersetzungsverhältnis zwischen beiden eine sehr hohe Primzahl enthält. Dadurch wird beim Antrieb der Haltevorrichtungen für die Werkstücke erreicht, das diese immer wieder in andere Lagen zu der Läppscheibe kommen, wodurch sich besonders gute Läppflächen an den Werkstücken ergeben. Die Werkstückhalter-Antriebsspindel trägt an ihrem oberen Ende einen Teller, auf den nach Bedarf ein Exzenter oder sonst ein Antriebselement aufgesetzt werden kann.

Gewöhnlich kann, wie auch aus den Getriebeschemen Abb. 39 und 40 hervorgeht, die Werkstückhalter-Antriebsspindel sich nicht allein drehen, also nicht ohne gleichzeitige Drehung der Läppspindel. Bei Sonderaufgaben kann es aber notwendig sein, daß der Läppscheibenantrieb ausgeschaltet wird und trotzdem eine Werkstückbewegung zwischen den stillstehenden Läppscheiben möglich ist. In diesen Fällen erhält die Werkstückhalter-Antriebsspindel einen gesonderten Antrieb, zweckmäßig mit einem eigenen Antriebsmotor. Somit können Zweischeibenläppmaschinen mit mehreren Motoren vorkommen und zwar mit je einem Antriebsmotor für die obere und untere Läppscheibe und einem besonderen für die Hubbewegung.

Es wurde schon darauf hingewiesen, daß Zweischeibenläppmaschinen in ihrem Grundaufbau stets gleich sind. Sie unterscheiden sich in der Größe des Läppscheibendurchmessers, der Läppscheibenringbreite, der erreichbaren Öffnung, d. h. des größten Abstandes der Läppscheiben voneinander, in den Drehzahlen der Läppscheiben sowie den Antriebsleistungen. Die üblichen Maschinen haben Läppscheibendurchmesser zwischen 200 und 700 mm, eine durchschnittliche Öffnung zwischen den Läppscheiben von 100 mm und bei den größeren Maschinen Läppscheibendrehzahlen von vielfach 45 $\cdots$ 65 U/min. Das ergibt eine Umfangsgeschwindigkeit von etwa 50 $\cdots$ 100 m/min. Ein sehr wesentlicher Unterschied zwischen den Maschinen besteht aber in den Zusatzeinrichtungen, die allein die Leistungsfähigkeit einer Maschine bedingen. Über diese verschiedenen Werkstückeinrichtungen wird in einem besonderen Abschnitt gesprochen.

c) Genau wie bei Flachläppmaschinen ist auch bei den Zweischeibenläppmaschinen sorgfältiges Abrichten der Läppscheiben sehr wesentlich für die Arbeitsgenauigkeit der geläppten Werkstücke. Nur einwandfrei ebene Läppscheiben können gute Arbeit leisten. Bei neu aufgebauten Läppscheiben sowie nach gewissen Betriebszeiten, während denen sich Fehler einstellen können, ist daher ein Abrichten der Scheiben notwendig.

Am häufigsten erhalten die Läppscheiben einen Formfehler nach Abb. 44, der mittels Lineal leicht festgestellt werden kann. In Abb. 45 ist die erste Abrichtstellung der Läppscheiben dargestellt. Unter Einwirkung von grobem Läppmittel und einseitigem Druck mit einem besonderen Hebel auf die obere Läppscheibe läßt sich der Formfehler schnell berichtigen und in eine Form nach Abb. 48 überleiten.

Haben die Läppscheiben zu Beginn einen Formfehler nach Abb. 46, so muß der Schwenkarm so weit ausgeschwenkt werden, daß sich die Läppscheiben in den Punkten A und B (Abb. 47) berühren und die Drehachse mit dem Pendelgelenk der oberen Läppscheibe noch innerhalb der unteren Läppscheibe liegt. Unter Läppmittelzufuhr verschleißen die hohen Stellen der sich drehenden Läppscheiben, so daß wieder eine Oberflächenform nach Abb. 48 entsteht. Diese leicht wulstigen Ringflächen sind nun noch zu beseitigen. Während die Läppscheiben laufen, ist der Schwenkarm abwechselnd in die Stellungen von Abb. 49

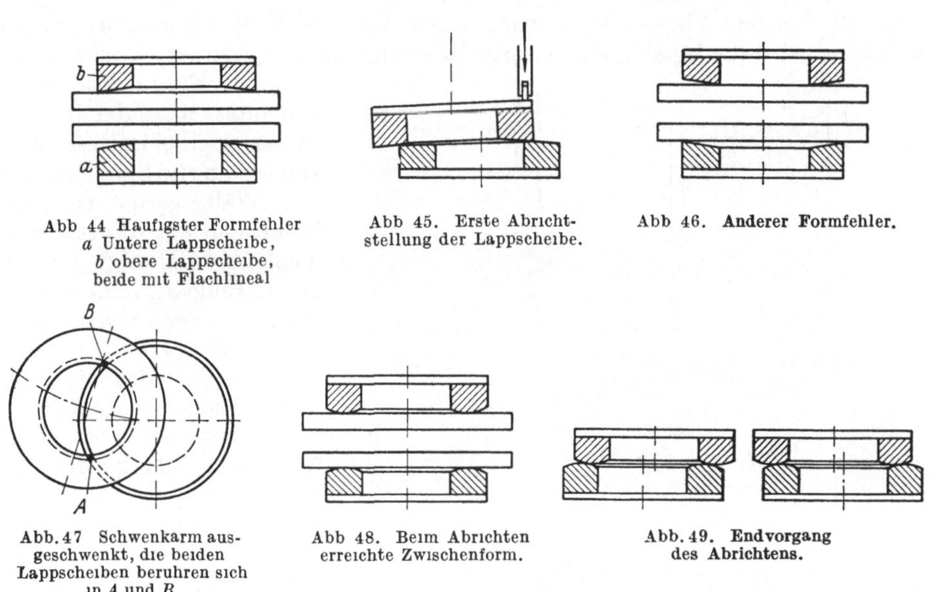

Abb 44 Häufigster Formfehler
a Untere Lappscheibe,
b obere Lappscheibe,
beide mit Flachlineal

Abb 45. Erste Abricht-
stellung der Lappscheibe.

Abb 46. **Anderer Formfehler.**

Abb. 47 Schwenkarm aus-
geschwenkt, die beiden
Lappscheiben beruhren sich
in *A* und *B*.

Abb 48. Beim Abrichten
erreichte Zwischenform.

Abb. 49. **Endvorgang
des Abrichtens.**

Abb 44 bis 49. Abrichten von Lappscheiben.

zu bringen. Hierbei tritt ein Einebnen schnell ein. Sind nur noch ganz geringe Formfehler vorhanden, so kann mit einem feinkörnigen Läppmittel weiter abgerichtet werden. Zuvor sind aber die Läppscheiben sorgfältig zu reinigen, damit nicht zurückbleibende gröbere Körner die gute Läppscheiben-Oberfläche wieder verderben. Das Abrichten ist beendet, wenn die Scheiben genau eben und glatt sind. Sollte die Oberflächengüte noch nicht ausreichen, so wird eine Mischung von Öl und Petroleum auf die Läppscheiben gespritzt, wodurch die Oberfläche schnell verbessert wird.

Auch hier ist beim Abrichten wieder darauf zu achten, daß die Scheiben nicht zu heiß (nicht über handwarm) werden. Bei hoher Temperatur abgerichtete Läppscheiben können nach dem Erkalten wieder Formfehler aufweisen, die dann erneut zu beseitigen wären.

14. Innen- und Außenrundläppmaschinen. Beim Innen- und Außenrundläppen wird mit Läpphülsen gearbeitet, genau wie es bei Handläppwerkzeugen (Abschn. 11) beschrieben wurde. Die Läppmaschinen dienen zur Führung der Läppdorne mit den Läpphülsen. Sie haben hierfür eine Läppspindel, die eine Drehbewegung und eine überlagernde hin- und hergehende Axialbewegung ausführt. Das Läppwerkzeug selbst füllt die Bohrung des Werkstückes vollständig aus oder umschließt es allseitig. Es ist also keine seitliche Kraft aufzuwenden, um das Werkzeug gegen die zu läppende Fläche zu drücken. Werkstück und Werkzeug zentrieren sich aufeinander, die Läppmaschine muß beiden also soviel Freiheiten geben, daß sie sich ohne äußeren Zwang aufeinander einstellen können. Sie gibt dem Werkzeug oder dem Werkstück nur den Bewegungsantrieb.

Auch bei dieser Läppbearbeitung ist zu verlangen, daß die gleiche Werkzeugstelle erst nach längerer Zeit wieder mit der gleichen Werkstückstelle in Berührung kommt. Der Schwinghub der Läppspindel darf also nicht einfach periodisch mit der Läppspindel gesteuert werden, beispielsweise auf eine Spindelumdrehung ein Schwinghub. Es ist vielmehr notwendig, daß zwischen beiden ein Übersetzungsverhältnis liegt, in dem eine möglichst hohe Primzahl enthalten ist, durch die eine stark überlagerte Bewegung erreicht wird.

a) Als Beispiel für die Gestaltung einer Innen- und Außenrundläppmaschine wird die in Abb. 50 gezeigte Maschine *mit waagerechter Spindel* herangezogen. Ein im Maschinenfuß untergebrachter Elektromotor treibt mittels Keilriemen eine im Spindelkasten in Wälzlagern gelagerte Hohlwelle an, die innen ein Vielkeilprofil zeigt und an einem Ende ein Zahnrad zum Antrieb der Schwinghubbewegung trägt. Die Läppspindel selbst wird mit ihrem einen Ende in diese Hohlwelle hineingesteckt und über das Vielkeilprofil angetrieben. Sie ist in zwei besonderen Lagern geführt und

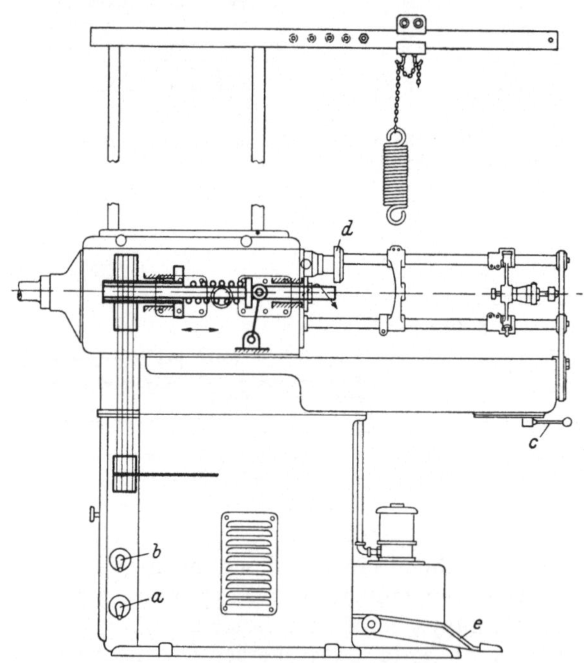

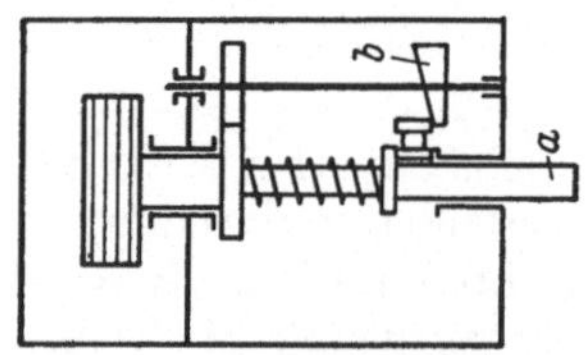

Abb. 50. Aufbau und Antriebsschema einer waagerechten Innen- und Außenrundläppmaschine. *a* und *b* Schalter; *c* Einrückhebel; *d* Lapphülsen-Verstellung; *e* Fußhebel zur Lapphülsen-Verstellung

Abb. 51. Schwinghebelantrieb zur Erzeugung der Axialbewegung für die Läppspindel. *a* Läppspindel; *b* Kurvenscheibe.

in ihrer Längsrichtung beweglich angeordnet. Durch eine Druckfeder wird die Läppspindel in ihre vorderste Stellung gedrückt und kann über einen Schwinghebel zurückgezogen werden. Dieser Schwinghebel wird von einer Kurvenscheibe bewegt, die auf einer besonderen über eine Zahnradübersetzung von der Hohlwelle aus angetriebenen Welle sitzt (Abb. 51). Durch geeignete Wahl der Zahnradübersetzung erhält die Läppspindel einen Schwinghub, der erst nach einer größeren Umdrehungszahl wieder die Ausgangslage erreicht. Der Schwinghub läßt sich ausschalten, indem der Schwinghebel entgegen dem Federdruck in seine rückwärtige Stellung gedrückt und dort festgehalten wird.

Die Läppspindel selbst ist ebenfalls hohl und nimmt in ihrem Innern die Einrichtung zum Aufweiten der Läppwerkzeuge (Abb. 52) auf. Die bei einer Maschine

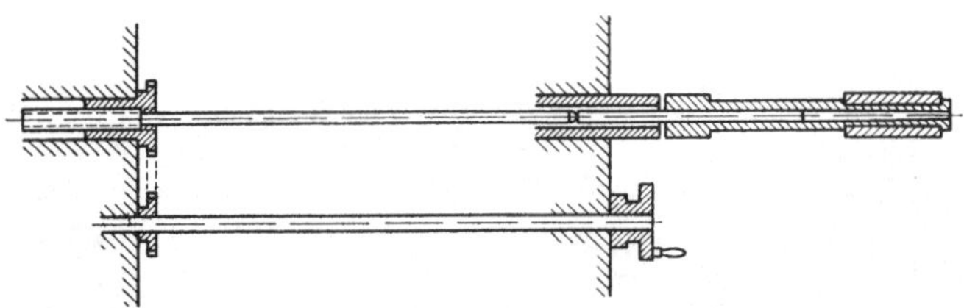

Abb 52   Vorrichtung zum Aufweiten der Lappwerkzeuge

ähnlich der dargestellten verwendeten Läppwerkzeuge entsprechen in ihrem Grundaufbau den Handläppwerkzeugen (Abschn. 11). Die Läpphülsen haben eine zylindrische Bohrung und sind auf einem mehrfach geschlitzten Dorn mit zylindrischem Außendurchmesser und kegeliger Bohrung angeordnet (Abb. 53). In dieser Kegel-

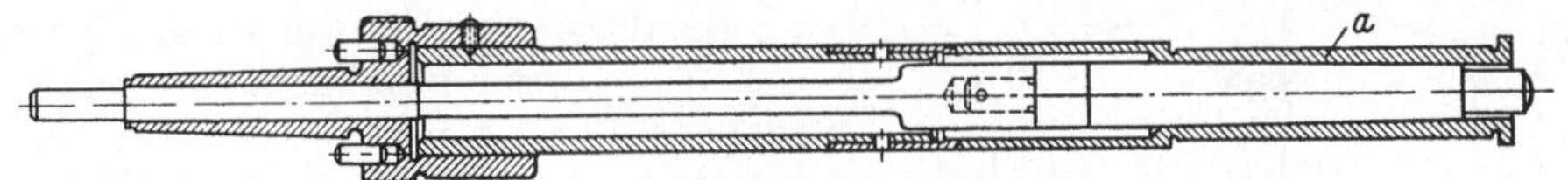

Abb 53   Innenlappspindel mit zylindrischer Aufnahme *a* fur die Lapphulse (vgl. Abb 22)

bohrung liegt eine Kegelnadel, deren hinteres, zylindrisches Ende aus dem Aufspannkopf des Läppwerkzeuges herausragt. Gegen diese Kegelnadel legt sich die gemäß Abb. 52 in der Läppspindel angeordnete Verstellstange, die im hinteren Ende des Spindelstockes über ein Gewinde in ihrer Längsrichtung verstellbar gehalten wird. Die Verstellung erfolgt über Zahnräder von einem an der Maschinenvorderseite angeordneten Handrad aus. Das Läppwerkzeug fuhrt mit der Läppspindel die Schwinghubbewegung aus. Im rückwärtigen Hubende stößt die Kegelnadel gegen die Verstellstange. Wird nun während der Bearbeitung die Verstellstange über das Handrad weiter nach vorne gestellt, so schlägt die Kegelnadel beim nächsten Rückhub dagegen und wird tiefer in das Läppwerkzeug hineingedrückt. Dadurch treibt das vordere kegelige Ende (Abb. 53) den mehrfach geschlitzten Dorn und die auf diesem sitzende Läpphülse zylindrisch auf.

Um das Läppwerkzeug nach einer Bearbeitung wieder in die Ausgangsstellung, also auf den kleinsten Durchmesser zu bringen, muß die Kegelnadel nach Zurückdrehen der Verstellstange zurückgeführt werden. Dabei ist die Selbsthemmung des sehr schlanken Kegels zu überwinden. Hierzu dient eine Anschlageinrichtung (Abb. 54). In diese ist der Amboß *d* eingebaut, der gegen das vorne aus dem Läppwerkzeug (Abb. 53) herausragende Ende der Kegelnadel geschlagen wird und diese dabei zurückdrückt. Dabei verkleinert die Läpphülse ihren Durchmesser. Die gleiche Amboßeinrichtung wird, wie hier gezeichnet, auf der Maschine gebraucht, wenn sehr kleine Durchmesser geläppt werden sollen, bei denen die Abmessungen des Läppwerkzeuges einen hohlen Läppdorn mit innen liegender Kegelnadel nicht mehr möglich machen. In diesem Fall werden Werkzeuge ähnlich den schon beschriebenen Handläppwerkzeugen verwendet, und der Amboß in der Anschlagvorrichtung tritt dann an die Stelle der Handambosse. Dafür hat der Amboß als

Anschlag die auf einem Gewinde nach Skala verstellbare Anschlagmutter *e*. Um die Läpphülse stärker aufzuweiten, muß die Mutter *l* nach Skala verstellt werden, so daß der Amboß beim Anschlag gegen die Mutter *l* die Läpphülse um das gewünschte Maß aufweitet.

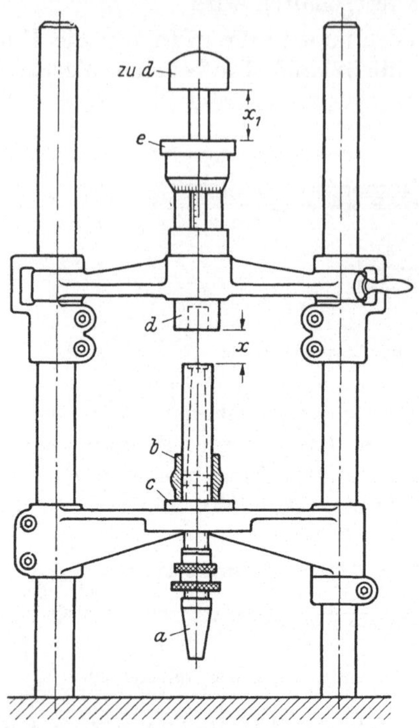

Abb 54. Fuhrungs- und Anschlagvorrichtung fur die waagerechte Lappspindel (vgl Abb 50).
a Innenlappdorn, *b* Werkstuck, *c* Anschlagplatte, *d* Amboß, *e* Anschlagmutter.

Die um die Läppspindel herum an zwei Führungsstangen angeordnete Anschlagvorrichtung (Abb. 54) hat weiterhin die Aufgabe, die von Hand geführten Werkstücke bei der langsamen Hin- und Herbewegung zwischen Anschlägen in ihrer Bewegung zu begrenzen, wobei die Anschlagstellungen so zu wählen sind, daß die Werkstücke beiderseits gleichmäßig über das Ende der Läpphulse hinausgeführt werden. Die beiden Endlagen der Werkstücke sind dann richtig gewählt, wenn die Läpphulse gerade noch genügend Fuhrung in dem Werkstuck behalt (Abb. 24 u. 25).

Bei dieser Art der Bearbeitung werden die Werkstucke also nicht festgespannt sondern auf horizontale, an der Läppspindel befestigte Läpphülsen aufgeschoben und zentrieren sich auf diesen. Die Arbeitsgenauigkeit wird daher nicht von äußeren Einflussen beeinträchtigt, selbst ein mit Schlag rundlaufender Läppdorn würde eine genaue Läpparbeit liefern. Zusatzlich zum Schwinghub der Läppspindel wird das Werkstuck langsam über das Läppwerkzeug hin- und hergeführt. Damit bei schweren Werkstücken nicht das ganze Gewicht des Werkstückes die Läppspindel belastet, hat die Maschine eine Entlastungsvorrichtung, an der schwere Werkstücke federnd so aufgehängt werden konnen, daß sie sich in Hohe der Lappspindel im Schwebezustand befinden. Dadurch wird auch die korperliche Beanspruchung des Bedienungsmannes bei schweren Werkstücken stark verringert.

b) Es wird vielfach die Ansicht vertreten, daß für das Läppen von Bohrungen Maschinen mit senkrechter Spindelanordnung günstiger seien als die vorstehend beschriebene waagerechte Maschine. Dazu muß festgestellt werden, daß das unbedingt notwendige Aufeinandereinstellen der Achsen von Werkzeug und Werkstuck bei dieser Maschinenanordnung, bei der sich das Werkstück auf dem Werkzeug zentriert, unbedingt gewährleistet ist, auch bei Werkstücken, bei denen Schwerpunktachse und Bohrungsachse der zu läppenden Bohrung nicht zusammenfallen. Dahingegen wird sich bei senkrechter Anordnung, bei der, wie sich später zeigt, die Werkstucke ebenfalls pendelnd angeordnet werden, ein einseitiges Übergewicht des Werkstuckes sehr störend auswirken; es kann zu Vorweiten oder anderen Ungenauigkeiten bei der Läppbearbeitung Anlaß geben. Die senkrechten Maschinen sind deshalb nur fur ganz bestimmte Werkstucke besonders geeignet.

Der Aufbau und die Arbeitsweise einer Läppmaschine mit senkrechter Spindelanordnung (Abb. 55) erfordert eine andere Gestaltung, insbesondere ein Aufspannen der Werkstücke. Auch bei dieser Maschine wird mit Läpphülsen gearbeitet, denen von der senkrechten, von oben nach unten wirkenden Läppspindel eine Drehbewegung und über ein hydraulisches System ein Schwinghub erteilt wird. Wie der Getriebeplan zeigt, treibt der hinter der Maschine angeflanschte Motor über Keilriemen eine senkrechte Antriebswelle, von der wiederum über *Keilriemen* die Läppspindel gedreht wird. Am oberen Ende der Hauptantriebswelle sitzt ein Exzenter *a* für den Antrieb der Hydraulik.

Dieses Exzenter bewegt (Abb. 56) die Kurbelschwinge *b*, die über den Antriebsstein *c* die beiden Kolben *d* hin und herbewegt. Das von diesen Kolben geförderte

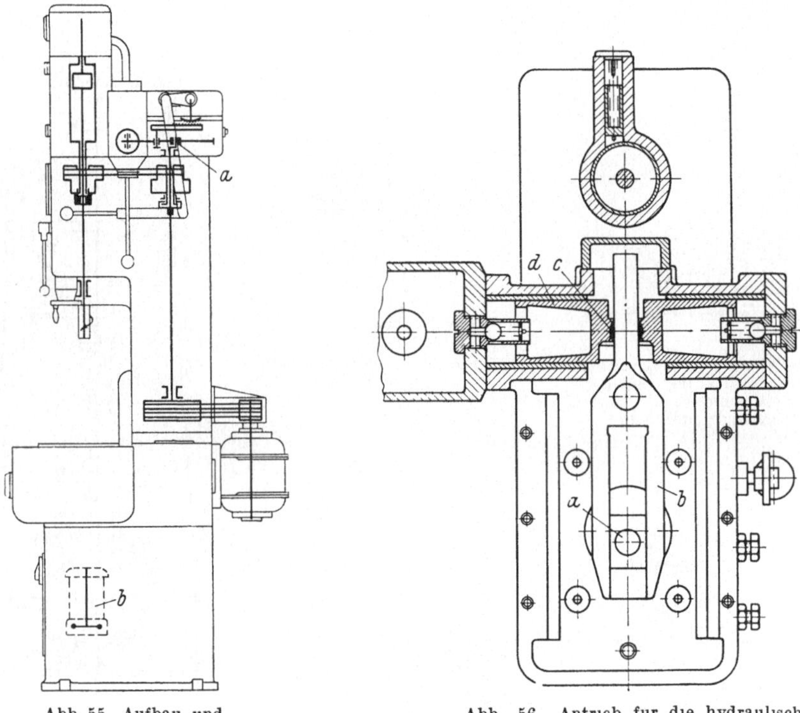

Abb 55. Aufbau und
Getriebeschema einer senkrechten
Innenlappmaschine

a Exzenter; *b* Ölpumpe

Abb. 56. Antrieb für die hydraulisch
betriebene axiale Schwingbewegung der
Lappspindel in Abb 55

a Exzenter, *b* Kurbelschwinge,
c Antriebsstein, *d* Kolben

Öl wird abwechselnd über und unter einen Kolben geführt, der (Abb. 55) am oberen Ende der Läppspindel sitzt und so dieser einen Schwinghub erteilt. Durch Verschieben des hydraulischen Systems über Zahnsegment und Zahnstange wird die Hubgröße der Kurbelschwinge *b* (Abb. 56) verändert und damit die geförderte Ölmenge und die Größe und Frequenz des Schwinghubes der Läppspindel.

In den Drehantrieb der Läppspindel ist eine Reibungskupplung eingebaut, um gegen Ende der Läppbearbeitung vorübergehend nur mit Längshub arbeiten zu können. Dadurch erhalten Werkstücke wie beispielsweise Pumpenzylinder, in denen der Kolben eine reine Hin- und Herbewegung ausführt, die letzten Bearbeitungsspuren nur in Längsrichtung, also in Richtung der später vorkommenden Bewegung.

Läppspindelantrieb und Hydraulik sind (Abb. 55) in einem Ständer untergebracht, der auf ein Unterteil aufgesetzt wird. Dieses trägt vorne unter der Läppspindel einen kräftig verrippten Tisch, der zugleich als Fangschale für das Läpp-

und Kühlmittel ausgebildet ist. Der Tisch ist mit Aufspannuten zur Befestigung von Spanneinrichtungen ausgestattet. Gleichzeitig ist in ihm eine verstellbare Anschlag- und Aufweiteinrichtung untergebracht, die einen auswechselbaren Amboß zum Aufweiten der Läppwerkzeuge trägt.

Bei der Läppbearbeitung auf dieser Maschine mussen Werkstück und Werkzeug gemäß Abb. 57 pendelnd angeordnet werden, um sich in ihrer Achse genau auf-

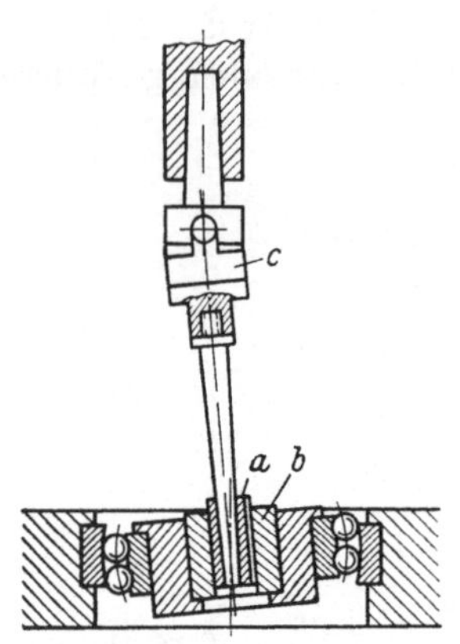

Abb 57. Werkzeug (Lapphulse (*a*) und Werkstuck (*b*) pendelnd angeordnet, *c* Werkzeugpendelfutter

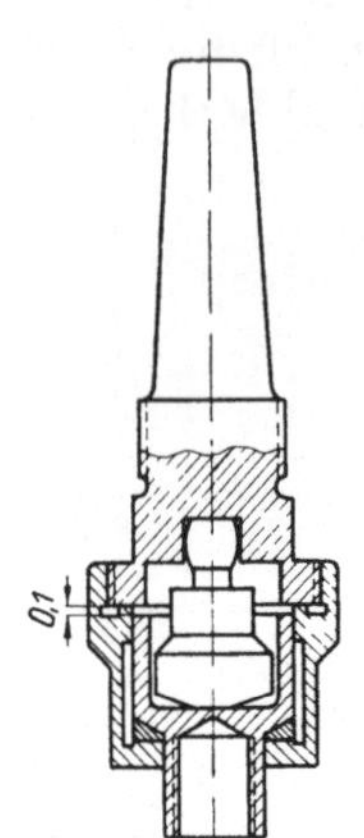

Abb. 58. Werkzeugpendelfutter (*c* in Abb 57).

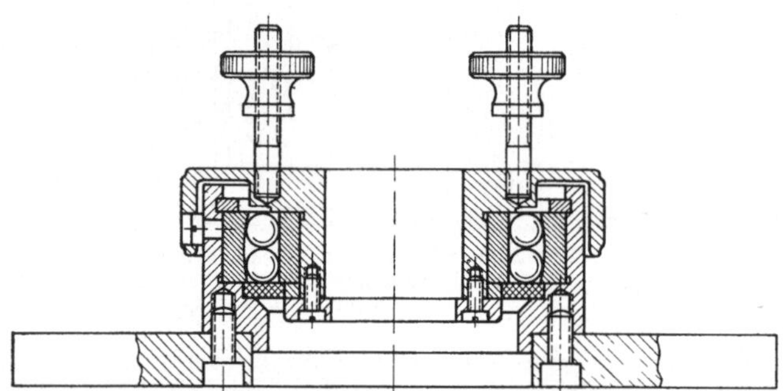

Abb 59 Pendelfutter fur das Werkstuck.

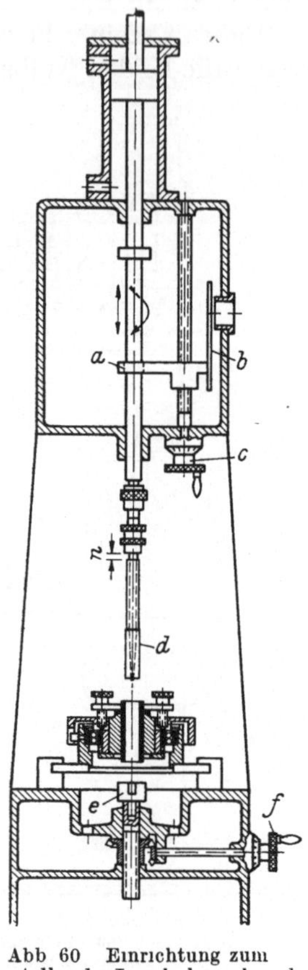

Abb 60 Einrichtung zum Verstellen der Lapphulse wahrend des Betriebes.

a Anschlag; *b* Skala, *c* Handrad. *d* Lapphulse; *e* Amboß, *f* Handrad, *n* Begrenzung für die Aufweitung der Lapphulse

einander einstellen zu können. Das Werkzeugpendelfutter ist in Abb. 58 dargestellt, während Abb. 59 das Pendelfutter für das Werkstück zeigt. Dieses hat außer der Pendelmöglichkeit noch die Aufgabe, die Stärke des Läppdruckes zwischen Läppdorn und Werkstück durch das auf das Werkstück übertragene Drehmoment zu zeigen. Dafür ist die Aufnahmebüchse für die Werkstücke nicht nur pendelnd sondern auch drehbar angeordnet und wird durch einen Anschlag gegen Drehung gehalten. Durch Zurückdrehen von Hand wird das übertragene Drehmoment von der Hand empfunden und so festgestellt, ob ein weiteres Aufweiten der Läpphülse erforderlich ist.

Da bei dieser Läppmaschine (Abb. 60) durchweg kleinere Durchmesser gelappt werden, bei denen die Anwendung eines hohlen Läppdornes mit innenliegender

Kegelspindel nicht möglich ist, und da zudem das Werkzeug gemäß Abb. 57 pendelnd angeordnet ist, kann eine Aufweitung der Läpphülse nicht von der Seite der Läppspindel her erfolgen. Sie erfolgt vielmehr dadurch, daß die auf einem Kegeldorn sitzende Läpphülse in ihrer untersten Stellung auf einen Amboß (e in Abb. 60) aufschlägt, der in der Aufweiteinrichtung im Maschinenbett angeordnet ist. Die Werkstücke für diese Maschine müssen also eine Durchgangsbohrung haben. Die unterste Stellung der Läppspindel wird durch den Anschlag a (Abb. 60) bestimmt. Hierbei wird die Läpphülse d mit der Läppspindel durch den Schwinghub gerade bis gegen den Amboß e geführt, dessen Grundeinstellung, passend zu dem Werkstück, durch das Handrad f gewonnen wird. Durch das Handrad c kann der Anschlag a über eine Gewindespindel verstellt werden. Durch Tieferstellen des Anschlages wird die unterste Stellung der Läppspindel tiefer gelegt, dadurch schlägt die Läpphülse auf den Amboß auf und wird auf den kegeligen Läppdorn gedrückt und dabei zylindrisch aufgeweitet. Für das Abdrücken der Läpphülse ist eine Abdrückhülse mit Abdrückmutter genau wie bei den Handläppwerkzeugen vorhanden.

Die Bedienung dieser Maschine beschränkt sich demnach auf die Betätigung des Handrades für das Aufweiten der Läpphülse und des Hydraulikhebels. Mit diesem Hebel kann über Steuerschieber und Ventile der Ölstrom so gesteuert werden, daß die Läppspindel einen Schwinghub ausführt, daß sie stillsteht, daß sie aufwärts oder abwärts bewegt wird. Die Läppspindel wird also nach Einspannen eines Werkstückes in das Pendelfutter abwärts bewegt, führt dann in Arbeitsstellung einen Schwinghub aus und kann jederzeit zum zwischenzeitlichen Messen, sowie nach Beendigung der Arbeit wieder herausgeführt werden. Die in das Pendelfutter eingespannten Werkstücke müssen, wie bereits erwähnt, eine Durchgangsbohrung haben, um ein Aufschlagen des Werkzeuges auf den Amboß unterhalb des Werkstückes zu ermöglichen. Die Werkstücke selbst sollen sich ihrer Form nach in das Werkstückpendelfutter (Abb. 59) spannen lassen und dürfen dabei kein Übergewicht haben, welches ein seitliches Kippen des Pendelfutters zur Folge hätte. Die Pendelbewegung darf ausschließlich für das Einstellen von Werkstück und Werkzeug zueinander Verwendung finden.

15. Universal-Läppmaschinen stellen eine Verbindung der bisher aufgeführten Läppmaschinen dar. Sie vereinen also in sich eine Flachläppmaschine, eine Zweischeiben-Läppmaschine zur Planparallelbearbeitung oder zum Außenrundläppen, sowie eine Innen- und Außenrundläppmaschine mit Läppspindel. Die dadurch gegebene vielseitige Verwendungsmöglichkeit der Universal-Läppmaschine setzt auch Betriebe, die nur seltener oder stets verschiedenartige Läppaufgaben haben, in die Lage, diese maschinell wirtschaftlich zu erledigen. Es lassen sich auf dieser Maschine auch bei Einzelfertigung günstige Läppzeiten sowie hohe Oberflächengüte, Form- und Maßgenauigkeit erzielen. Ein weiterer Vorteil ist es, daß stets zwei Arbeitsgänge gleichzeitig ausgeführt werden können, nämlich ein Arbeitsgang zwischen den beiden Läppscheiben und einer an der Läppspindel.

Eine Universal-Läppmaschine hat einmal eine senkrechte Läppspindel, die eine waagerechte Läppscheibe trägt. Die Läppspindel ist hohlgebohrt und nimmt in ihrem Innern eine Antriebsspindel für Werkstückhalter auf, die mit einer besonderen Drehzahl angetrieben wird. Über der waagerechten Läppscheibe ist ein ausschwenkbarer Arm angeordnet, der eine zweite Läppscheibe trägt, die auf- und abwärts bewegt werden kann, aber keinen eigenen Antrieb hat. Diese Läppscheibe macht entweder die Drehbewegung der Werkstücke mitgeschleppt mit, oder sie wird gegen Drehung gesperrt. Sie ist pendelnd aufgehängt, um sich gleichmäßig auf die Werkstückladung auflegen zu können. Nach seitlichem Ausschwenken des oberen Armes kann an dessen Stelle ein Lineal zum Anlegen von Werkstücken über die untere Läppscheibe geschwenkt werden, so daß die Maschine auch als Flachläppmaschine verwendbar ist.

Weiterhin ist diese Universal-Läppmaschine (Abb. 61) mit einer waagerechten Läppspindel ausgerustet, die eine Drehbewegung und einen Schwinghub ausführt und zur Aufnahme von Läppdornen für Innen- und Außenbearbeitung dient. Der Schwinghub kann ausgeschaltet werden. Waagerechte und senkrechte Läppspindel sind durch einen Schneckentrieb miteinander gekuppelt. Ein Elektromotor treibt mit Keilriemen die waagerechte und diese wieder mittels Schnecke und Schneckenrad die senkrechte Läppspindel. Diese trägt auch eine Nockenscheibe, von der die Schwinghubbewegung der waagerechten Läppspindel abgeleitet wird.

Auf eine maschinelle Verstellung der Läpphülsendurchmesser wird bei dieser Maschine verzichtet. Die Zustellung erfolgt von Hand mit Amboß, oder über eine Anschlagvorrichtung ähnlich Abb. 54.

Entsprechend der notwendigen Verwendbarkeit dieser Maschine für die verschiedensten Läppaufgaben lassen sich eine Reihe Zusatzeinrichtungen anwenden. Auf die untere, waagerechte Läppscheibe läßt sich beispielsweise eine schmale

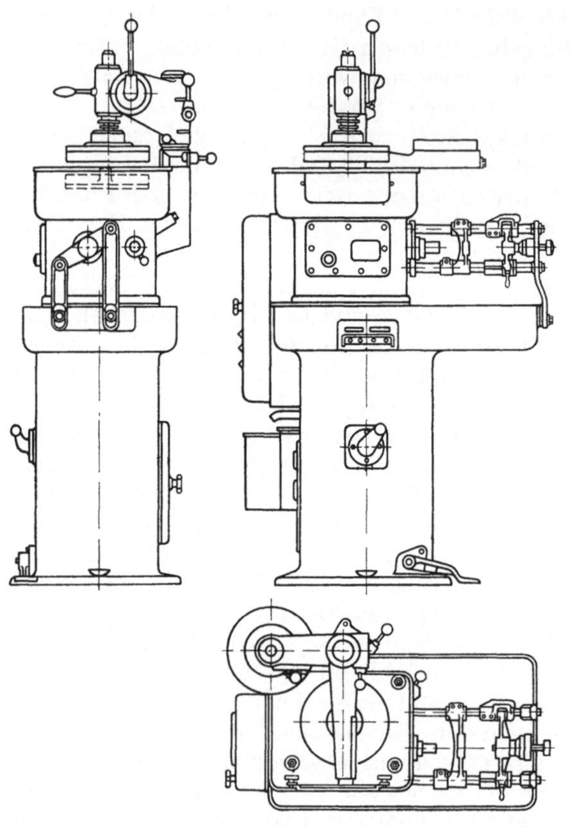

Abb 61. Universal-Lappmaschine

Läppscheibe aufbauen (Abb. 21), deren obere und untere Fläche Läppflächen sind und die zum Läppen von Werkstucken wie beispielsweise Rachenlehren Anwendung findet. Hierbei werden die Werkstücke aber von Hand geführt. An der unteren, waagerechten Läppspindel kann nach Ausschaltung des Schwinghubes eine schmale Läppscheibe angebaut werden (Abb. 62), die mit ihren beiden Stirnflächen zum Läppen dient. Durch Schlittenführungen können dabei Werkstücke mit zueinander gerichteten planparallelen Flachen genau planparallel geläppt werden. Dieses hat besondere Bedeutung fur die planparallelen Meßflachen von Rachenlehren, für Führungsgabeln von Kulissensteinen und ähnliche Werkstücke. Eine Universal-Läppmaschine ermöglicht also an der oberen, senkrechten Läppspindel mit waagerechter Läppscheibe:

Flachläpparbeiten,   Außenrundläpparbeiten,

Planparallelläpparbeiten,   Abrichtarbeiten an rachenförmigen Werkstucken, und gleichzeitig an der unteren, drehenden und gegebenenfalls einen Schwinghub ausführenden Läppspindel:

Innenrundläpparbeiten,

Außenrundläpparbeiten,

Läppen planparalleler einander zugewendeter Flächen.

Das Abrichten der Läppscheiben erfolgt auf dieser Maschine genau wie bei den anderen Zweischeiben-Läppmaschinen, wie aberhaupt die Bedienungseigenarten der Einzelmaschinen auch auf diese Universalmaschine Anwendung finden.

16. Rachenlehrenläppmaschinen dienen zum Läppen von Rachenlehren und ahnlichen Werkstucken mit einander zugewendeten planparallelen Flächen und meistens auch zum Vorschleifen in der gleichen Aufspannung.

Der Schlitten mit der Läppspindel und Läppscheibe kann von Hand oder auch selbsttätig hin- und herbewegt werden. Die Spindel trägt auf der einen Seite die

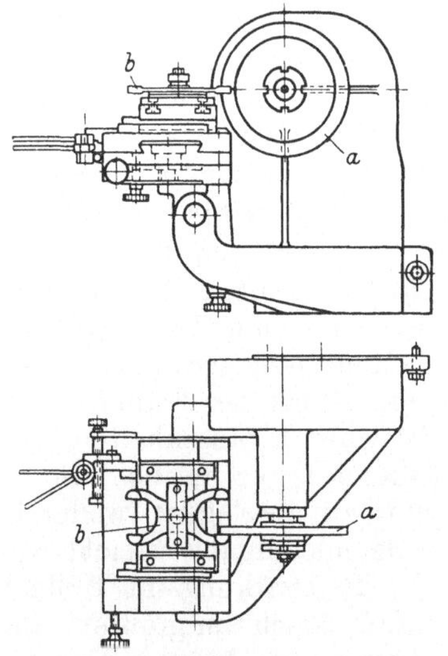

Abb 62 Einrichtung der Universal-Lappmaschine zum Lappen von Werkstucken mit planparallelen Flachen

a Lappscheibe, *b* Werkstuck

Schleifscheibe, auf der anderen die Läppscheibe. Die Laufhulse für die Läppscheibe ist beiderseitig abgefedert, so daß die Läppscheibe mit leichtem Druck (Federdruck) gegen die zu läppende Fläche der Rachenlehre geführt werden kann. Die Geschwindigkeiten fur Schleif- und Läppscheibe sind verschieden, diejenige der Läppscheibe beträgt etwa 3,5 m/Sekunde. Die Drehrichtung der Läppscheibe kann durch Umschalten des Motors geändert werden, damit die eine Meßfläche mit rechtsumlaufender, die andere mit linksumlaufender Scheibe geläppt werden kann. Dadurch wird eine erhöhte Parallelität der Meßflächen in senkrechter Richtung erreicht.

Die Arbeitsgenauigkeit der Läppmaschine ist davon abhangig, daß die beiden Stirn- und Arbeitsflächen der Läppscheibe genau parallel liegen. Um dieses zu gewährleisten, wird die Läppscheibe abgerichtet, d. h. auf der Maschine selbst beiderseitig genau flach geschliffen. Hierfür ist als Sonderzubehör ein Abrichtapparat erforderlich, welcher an Stelle des Werkstuckes auf den Support aufgesetzt wird. Dieser Abrichtapparat besteht aus einer Schleifspindel mit einer Schleifscheibe, einem Diamanthalter, der am Schleifschlitten befestigt wird, und einem Antriebsmotor fur die Schleifspindel. Mit der genau abgerichteten Abrichtschleifscheibe werden beide Arbeitsflächen der Läppscheibe geschliffen. Hierbei wird das axiale Spiel der Laufhülse fur die Läppscheibe durch Nachziehen von Muttern ausgeschaltet.

Auf dem Längsschlitten der Maschine, der sich parallel zur Läppspindel bewegt, ist ein Feinstellsupport aufgebaut, der die Spanneinrichtungen für die Werkstücke aufnimmt. Die Zustellung, d. h. die Einstellung der Meßflächen zur Läppscheibe erfolgt mit Schraubspindeln, die eine Ablesemöglichkeit von 0,0005 mm ermöglichen.

Eine an die Maschine angebaute Meßeinrichtung erlaubt das Überprufen der erreichten Rachenlehrenmasse ohne Ausspannen des Werkstückes, also ohne Veränderung von dessen Lage gegen die Läppscheibe. Dadurch ist ein zeitsparendes Arbeiten bis auf Fertigmaß möglich.

17. Sonderläppmaschinen. Es gibt eine Reihe Läppmaschinen, in denen die Werkstücke unter Verwendung von losem Schleifmittel bearbeitet werden. Die Form der zu läppenden Flächen bringt es jedoch mit sich, daß nicht mehrere einander überlagernde Bewegungen ausgeführt werden können, so daß die Werkzeuge im Zuge der Bearbeitung in ihrer Formgenauigkeit nachlassen. Da es sich jedoch um eine Feinstbearbeitung mit losem Schleifkorn handelt, und stets mindestens eine überlagerte Bewegung hineinzubringen versucht wird, können diese Maschinen wohl noch als Läppmaschinen angesprochen werden. Es erscheint deshalb richtig, auf diese Bearbeitungsverfahren kurz einzugehen.

a) Der Wunsch, die Zahnflanken von Zahnrädern in ihrer Oberfläche zu verbessern, hat zum Zahnradläppen geführt. Ein Zahnradläppen ist bereits das Einlaufenlassen zusammenarbeitender Zahnräder unter Beifügung von Mitteln, die ein Läppen der Flanken bewirken. Um aber diesen Arbeitsgang aus dem Getriebe selbst herauszuhalten, werden besondere *Zahnradläppmaschinen* verwendet. Bei diesen ist es möglich, die reine Einlaufbewegung durch eine zusätzliche Bewegung zu überlagern, wodurch eine wesentliche Verbesserung und gleichzeitig eine Beschleunigung erreicht wird. Beim reinen Einlaufen ohne Zusatzbewegung ist die Reibwirkung im Teilkreis praktisch gleich Null, am Zahnkopf und am Zahnfuß jedoch am größten. Es wird also eine Verzerrung der Evolventenflanke mit vorzeitiger Abnutzung am Kopf und Fuß die nachteilige Folge sein. Durch die Zusatzbewegung muß versucht werden, eine möglichst gleichmäßige Abnutzung über die ganze Zahnflanke hin zu erreichen, so daß also nicht allein die Oberfläche geringere Rauhigkeit zeigt, sondern auch gewisse Formfehler weggearbeitet werden. Es gibt nun mehrere Verfahren für das maschinelle Zahnradläppen.

Ausgehend von der Überlegung, daß ein Werkstück stets mit einem Werkzeug bearbeitet werden soll, benutzt man ein sehr genaues *Meisterrad als Werkzeug* zum Läppen der einzelnen Zahnräder. Dieses Meisterrad nutzt sich aber auch ab, die Werkstücke fallen also untereinander unterschiedlich aus. Es ist eine Maßfrage, wann das Meisterrad ausgeschieden und durch ein neues ersetzt werden muß. Insbesondere wird eine volle Austauschbarkeit der Werkstücke nicht erreicht, da sie nicht genau gleich werden.

Man verwendet deshalb beim Läppen vielfach als Werkzeug ebenfalls ein Werkstück, man läppt also Räderpaare, von denen jedes Rad gleichzeitig Werkstück und Werkzeug ist. So zusammengeläppte Zahnradpaare müssen dann aber zusammen im Getriebe eingebaut werden und es ist auch erforderlich, daß der Zahneingriff beim Läppen gekennzeichnet und beim Einbau im Getriebe wieder hergestellt wird, da die Zahnradpaare genau so zusammenlaufen müssen wie sie eingeläppt sind. Der Arbeitsvorgang besteht in einem Abrollen und einer axialen Zusatzbewegung.

Eine andere Zahnradläppmaschine, die auch auf dem Prinzip des paarweisen Läppens aufbaut, überlagert die reine Abrollbewegung des Zahnradpaares durch zwei weitere Bewegungen. Neben einer axialen Bewegung des einen Rades, die ein zusätzliches Gleiten entlang der Zahnbreite zur Folge hat, führt eines der beiden Räder noch eine radiale hin- und hergehende Bewegung aus, durch die ein Gleiten entlang der Zahnhöhe erzielt wird. Durch diese doppelte Überlagerung ergibt sich eine besonders wirkungsvolle Läpparbeit an der Zahnflanke und eine erhöhte Genauigkeit der Werkstücke.

Das Schwingungs-Läppverfahren der Zahnräder baut auf der Überlegung auf, daß nicht damit gerechnet werden kann, daß die Zahnräder im Betrieb axial fehlerfrei angeordnet eingebaut werden. Man läßt deshalb die eine Radspindel eine Taumelbewegung ausführen, die überlagernd eine zusätzliche Bewegung ergibt und die Räder unempfindlicher gegen Achsenfehler macht, da diese bereits vorweggenommen sind. Schwingungs-Läppmaschinen eignen sich ihrer Bauart wegen auch für das Läppen von Kegelrädern, bei denen dieses Verfahren von ganz besonderer Bedeutung ist.

Bei allen diesen Zahnradläppmaschinen, die zum Läppen der Zahnflanken dienen, treibt das eine der beiden Räder an, während das getriebene Rad mehr oder weniger abgebremst wird, um den erforderlichen Läppdruck zu erzielen. Es wird durchweg mit geringen Drehgeschwindigkeiten gearbeitet. Für den Axialhub haben sich Werte von $0 \cdots 12$ mm, für den Radialhub beim Läppen mit drei Bewegungen $0 \cdots 4$ mm als geeignet erwiesen. Die Maschinen arbeiten in beiden Drehrichtungen, um in der gleichen Aufspannung beide Flanken läppen zu können. Vielfach ist ein Zeitschalter eingebaut, der nach einer vorgegebenen Zeit die Drehrichtung der Maschine selbsttätig umschaltet.

b) Vielfach ist auch das Läppen des Zahngrundes notwendig. Versuche an der Technischen Hochschule Stuttgart haben ergeben, daß die Dauerschwingungsfestigkeit von Zahnrädern durch ein einwandfreies Bearbeiten und Glätten des Zahngrundes bis auf das 2,5fache gesteigert werden kann. Da diese Bearbeitung zweckmäßig durch Läppen erfolgt, wurde hierfür eine besondere **Zahngrundläppmaschine** entwickelt. Das Werkstück, dessen Zahngrund abgerundet werden soll, führt eine langsame Drehbewegung sowie eine hin- und hergehende Bewegung in Richtung seiner Drehachse aus (Abb. 63). Als Werkzeug dienen drei Läppräder,

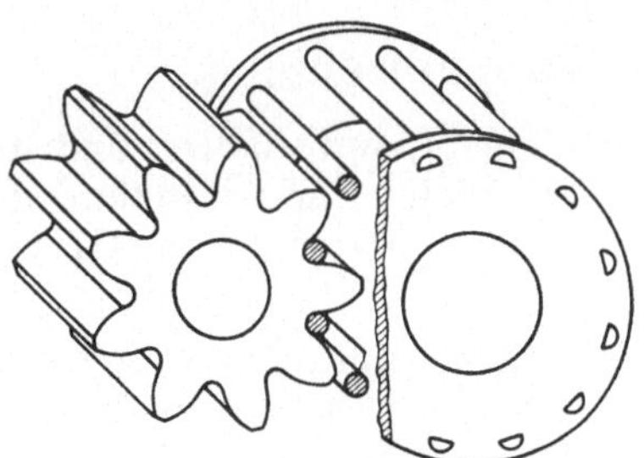

Abb 63. Schema des Zahngrundlappens

Abb 64. Befestigung der Lappstifte

die sternförmig um das zu läppende Zahnrad angeordnet sind und federnd angedrückt werden. Jedes der drei Läppräder besteht aus einem Käfig mit Läppstiften. Diese Läppstifte (Abb. 64) entsprechen in ihrem Durchmesser der Zahngrundabrundung. Sie gleiten bei der Drehung des Werkstückes, wobei die drei federnd angedrückten Werkzeuge mitgenommen werden, am Zahngrund. Überlagert wird diese Bewegung durch den Schwinghub des Werkstückes. So ergibt sich eine Läppbewegung, die unter Einwirkung des zugeführten Läppmittels zu einer Spanabnahme führt. Die Werkzeuge rollen ähnlich wie Triebstockräder ab. Bei der Abnutzung der Läppstifte behält ihre dem Werkstück zugekehrte Fläche die Krümmung des Zahngrundes, also bleibt auch die Läppwirkung erhalten, zumal es nicht auf das absolute Maß der Zahngrundabrundung ankommt.

c) Im Auslande werden Sonderläppmaschinen für Kurbel- und Nockenwellen hergestellt. Die Kurbelwelle beispielsweise wird dabei zwischen Spindelstock und Reitstock eingespannt und erhält eine langsam drehende Bewegung. Spindelstock und Reitstock sind auf einem Tisch aufgebaut, dem durch ein Getriebe eine Pendelbewegung erteilt wird, die zwischen 1,5 und 5 mm einstellbar ist und in Richtung der Längsachse der Kurbelwelle verläuft. Die Läppbearbeitung erfolgt durch einzelne Läpparme, die in einem drehbar gelagerten Rahmen an Fuhrungsarmen entlanggleiten. Sobald der Rahmen mit den Führungsarmen und den Lapparmen hydraulisch auf das Werkstuck herabgesenkt ist, liegen einzelne Führungsschuhe, die an den einzelnen Läpparmen befestigt sind, auf den Lagerzapfen oder Kurbelzapfen der Kurbelwelle auf und machen deren Bewegung mit. Zwischen den zu läppenden Zapfen und den Führungsschuhen befinden sich Lappbänder, die unter Einwirkung des mit Flüssigkeit zugeführten Läppmittels die Bearbeitung ubernehmen. Die einzelnen Fuhrungsschuhe werden mit hydraulisch einstellbarem Druck gegen die Läppflächen gedruckt. Bei diesem Verfahren können alle Lager- und Kurbelzapfen gleichzeitig geläppt werden, da die Maschine mit so vielen unabhängigen, einzeln hydraulisch angedrückten Läpparmen versehen werden kann, wie Lagerstellen vorhanden sind Als Überlagerung zu der Drehbewegung kommt die eingangs schon erwähnte Pendelbewegung, die senkrecht zur Drehrichtung verläuft, so daß schräge, sich kreuzende Bearbeitungsspuren erzielt werden

Nockenwellen-Läppmaschinen arbeiten nach dem gleichen Verfahren. Da bei Nockenwellen vorgeschriebene Kurvenformen und nicht einfach zylindrische Zapfen geläppt werden mussen, ist eine besondere Steuerung der einzelnen Läpparme durch eine Meister-Nockenwelle vorgesehen, die den einzelnen Armen die der Kurvenform jeweils entsprechende richtige Lage gibt. Auf diese Weise werden Nockenwellen nicht nur in der Oberfläche, sondern zugleich auch in gewissen kleinen Grenzen in der Form verbessert.

IV. Arbeiten auf Läppmaschinen.

In den bisherigen Abschnitten wurden das Läppverfahren und der Aufbau verschiedener Läppmaschinen behandelt Jetzt folgt eine Darstellung der Arbeitsweise und der dazu erforderlichen Einrichtungen, besonders der Werkstuckhaltevorrichtungen.

18. Arbeiten auf Flachläppmaschinen. Eine einwandfreie Arbeit auf einer Flachläppmaschine setzt voraus, daß die Läppscheibe genau eben abgerichtet ist, daß ein in seiner Körnung einwandfreies, der zu läppenden Fläche angepaßtes Läppmittel zur Verfügung steht und die Maschine von anderen Läppmitteln sorgfaltig gereinigt wurde. Die Läppscheibe wird im Stillstand mit Läppmittel dünn bestrichen, das Werkstück aufgelegt und gegen das Lineal gedrückt. Hiernach ist die Maschine einzurücken und das Werkstuck unter Entlangführung am Lineal auf der Läppscheibe gleichmäßig hin- und herzubewegen (Abb. 27). Die zu läppenden Flächen mussen über den Rand der Läppscheibe abwechselnd innen- und außen hinausgeschoben werden. Auch ist es zweckmäßig, das Werkstück mehrfach um seine eigene Achse zu drehen, damit die Schleifkorner es von allen Seiten angreifen

Sind größere Flächen zu lappen, die keine Unterbrechungen zeigen, so wird eine Läppscheibe mit Waffelmusterrillung verwendet (Abb. 14), bei der ein Trockenlaufen der großen Läppflächen vermieden wird, wenn die Zuführung des Läppmittels von innen her erfolgt, da es sich dann durch die Fliehkraft nach außen verteilt.

Bei diesem einfachsten Flachläppen von Hand wird jeweils nur ein Werkstück gleichzeitig bearbeitet. Das kann bei kleinen Stückzahlen oder im Zusammenbau zweckmäßig sein. Für Serienfertigung ist die gleichzeitige Bearbeitung mehrerer Werkstücke vorteilhaft, die dabei maschinell genau so geführt werden müssen, wie es von Hand erfolgte. Fur die Bearbeitung ganzer Werkstuckladungen werden an Stelle der Führungslineale Werkstückhalter verwendet, die ein Belegen der ganzen Läppfläche mit Werkstucken erlauben.

Zum Antrieb der Werkstuckhalter kann die Làppscheibe im Inneren ein in der Hohe verstellbares Exzenter erhalten. Auf dieses wird ein Blechkäfig aufgesetzt, welcher Ausschnitte für die Aufnahme der Werkstücke hat (Abb. 65). Nach außen ist der Käfig gegen Drehung gehalten, wofür am Gehäuse bearbeitete Flächen oder Bolzen wertvoll sind. Durch die Exzenterbewegung des Läppkafigs werden die Werkstucke radial auf der umlaufenden Läppscheibe hin- und herbewegt. Die Anordnung wird dabei so gewählt, daß die Werkstucke abwechselnd innen und außen uber den Rand der Läppscheibe übertreten. Dies wird durch richtige Wahl von Exzentergröße und Läppscheibendurchmesser erreicht, die aufeinander abzustimmen sind. Kleinere Werkstücke werden in den Lappkäfigen gestaffelt so an

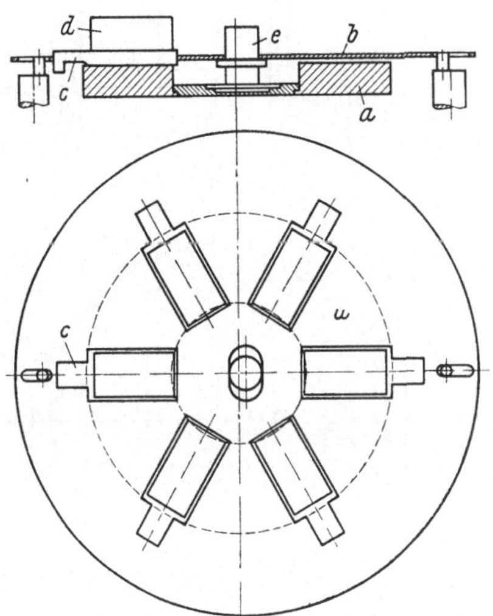

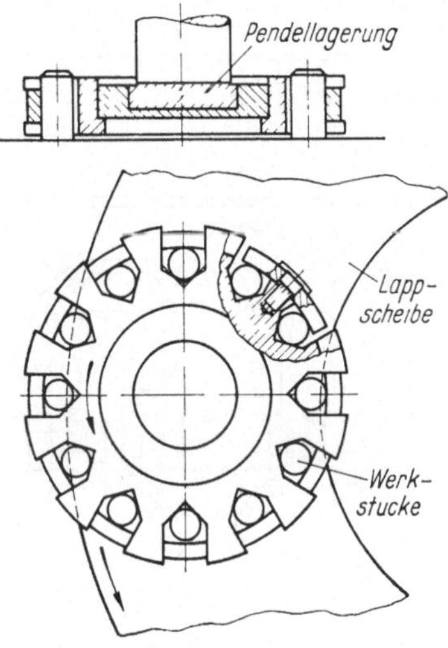

Abb 65   Lappscheibe mit daruber angeordnetem Blechkafig zur Aufnahme von 6 Werkstucken *a* Lappscheibe, *b* Blechkafig, *c* Werkstuck, *d* Belastungsgewicht, *e* exzentrisch angeordneter Mitnehmerzapfen

Abb 66   Pendelnd gelagerte drehbare Werkstuckaufnahmevorrichtung (vgl Abb 30)

geordnet, daß sie die ganze Làppscheibenbreite gleichmäßig überdecken und innenbzw. außen etwas uberlaufen

Bei diesen Anordnungen fehlt die Möglichkeit, die Werkstucke um ihre eigene Achse zu drehen, dagegen können Werkstucke geläppt werden, die teilweise uber den Rand der Läppscheibe hinunterragen (Abb. 65, oben links). Wenn die Werkstücke kein genugendes Eigengewicht haben, um einen ausreichenden Läppdruck zu erzielen, können sie sehr einfach durch Zusatzgewichte belastet werden. Dabei hat sich ein Làppdruck von $0,2\cdots0,7$ kg/cm² als geeignet erwiesen.

Wirkungsvoller sind Werkstück-Aufnahmevorrichtungen, die eine Drehung des Werkstuckes um seine eigene Achse oder um die gemeinsame Achse mehrerer Werkstücke erlauben. Eine solche Vorrichtung zeigt Abb. 66. Die in Prismen eingespannten Zylinder ragen mit ihrer unteren Stirnfläche vor, so daß sie nach dem Auflegen der Vorrichtung auf die Läppscheibe genau winklig zu der Zylindermantelflache geläppt werden. Die Vorrichtung selbst ist in der Mitte in einem pendelnden Kugellager gehalten. Durch die Pendelung ist gewährleistet, daß wirklich alle Werkstucke auf der Làppscheibe aufliegen. Die Kugellagerung macht eine Drehung der ganzen Vorrichtung um ihre eigene Achse möglich. Die unter-

schiedliche Schnittgeschwindigkeit der Läppscheibe innen und außen bringt eine
verschieden starke Reibung an den Werkstücken mit sich. Die Vorrichtung nimmt
also ohne äußeren Antrieb eine Drehbewegung so auf, daß sie sich außen in Richtung der Läppscheibenbewegung dreht. Diese Drehbewegung bringt eine sehr
günstige Läppwirkung an den Werkstücken mit sich, da deren Stirnfläche von den
verschiedensten Seiten aus angegriffen wird. Die Drehbewegung selbst wird sich
so einstellen, daß die Reibwirkung außen als Unterschied zwischen der Läppscheibendrehung und der Vorrichtungsdrehung, innen als Summe beider, innen
und außen gleich groß ist, wodurch ebenfalls eine große Gleichmäßigkeit erzielt
wird. Die Werkstücke selbst werden in der Vorrichtung so angeordnet, daß sie

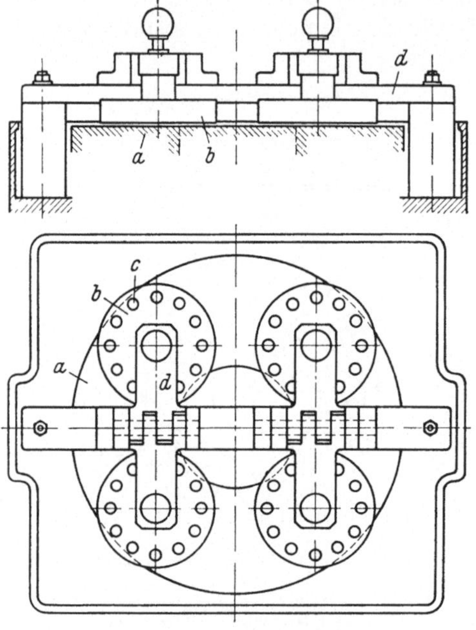

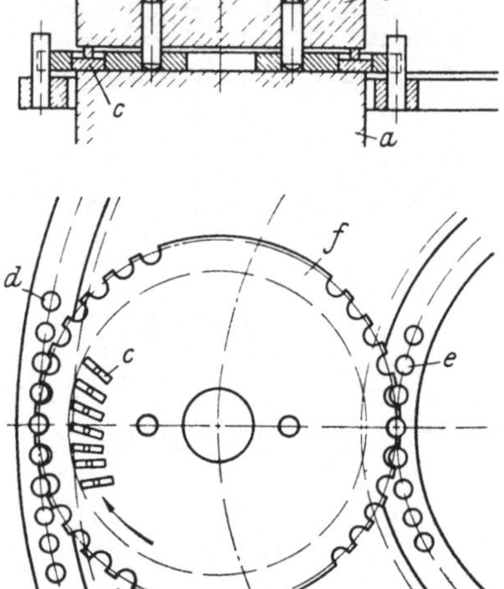

<table>
<tr><td>

Abb 67 Mehrfachvorrichtung nach Abb 66
mit aufklappbaren Haltearmen.

a Lappscheibe; *b* Werkstückhalter;
c Werkstucke, *d* Haltearme

</td><td>

Abb 68 Werkstuckaufnahme mit zwang-
laufigem Drehantrieb. Draufsicht (unten)
ohne Belastungsgewichte gezeichnet.

a Lappscheibe, *b* Belastungsgewicht, *c* Werk-
stucke; *d* außerer Zahnkranz; *e* innerer
Zahnkranz; *f* verzahnte Scheibe

</td></tr>
</table>

innen und außen etwas über den Rand der Läppscheibe hinauslaufen, so daß sich
auch eine gleichmäßige Abnutzung der Läppscheibe ergibt.

In Vorrichtungen dieser Art lassen sich die verschiedensten Werkstückformen
spannen. Durch Anbau einer entsprechenden Haltevorrichtung über der Läppscheibe der Flachläppmaschine lassen sich mehrere dieser Aufnahmevorrichtungen
gleichzeitig einlegen, so daß eine große Zahl von Werkstücken gleichzeitig geläppt
wird. Dadurch verlängert sich die Läppzeit einer Ladung nicht, die Leistung der
Maschine steigt also entsprechend stark. Um ein schnelles Auswechseln der Werkstückhalter möglich zu machen, werden die Pendel-Kugellagerführungen an aus-
klappbaren Armen angebracht (Abb. 67) und nur über einen Kegel mit der Werk-
stückaufnahme gekuppelt. Durch Hochklappen eines Armes liegt die Vorrichtung
frei auf der Läppscheibe und kann zum Auswechseln der Werkstücke herunter-
genommen werden.

Ganz anders arbeitet eine Vorrichtung, bei welcher den Aufnahmen für die Werkstücke ein *zwangsläufiger* Drehantrieb erteilt wird. Im Inneren der Läppscheibe

ist an Stelle des schon beschriebenen Exzenters ein Stiftkranz als Triebstock-verzahnung angeordnet und dreht sich mit der Läppscheibe. Um diese herum ist ein zweiter solcher Zahnkranz gelegt, der am Maschinengehäuse fest angebracht ist. Zwischen beide sind verzahnte Scheiben gelegt (Abb. 68), die zur Auf-nahme der Werkstücke dienen. Bei der Drehbewegung der Läppscheibe führt der innere Zahnkranz ebenfalls eine Drehbewegung aus und versetzt die verzahnten Aufnahmevorrichtungen in Drehung, wobei sie sich wie Planetenräder an dem feststehenden äußeren Zahnkranz abwälzen. Die Werkstücke werden in die Auf-nahmevorrichtungen so eingelegt, daß sie innen und außen über den Rand der Läppscheibe überlaufen. Bei nicht genügendem Gewicht lassen sich zusätzliche Belastungen aufbringen, die den erforderlichen Läppdruck zwischen Werkstück und Läppscheibe erzeugen. Auch in diese Vorrichtungen kann man die verschieden-artigsten Werkstückformen einlegen. Günstig ist es, wenn sie nicht über die Mitte der Aufnahmevorrichtung hinüberragen, oder wenigstens nicht mit einem geläppten Flächenteil, da diese Mitte stets nur eine Kreislinie beschreibt, während alle anderen Punkte unterschiedlich über die Läpp-Platte bewegt und von den verschiedensten Seiten vom Läppmittel angefaßt werden.

Bei dieser Vorrichtung bedarf es einer genauen Abstimmung des Werkstück-überlaufes und der Scheibendurchmesser, um stets planbleibende Läppscheiben zu erreichen, da die Werkstückbewegung innen mit und außen gegen die Läpp-scheibendrehung gerichtet ist, also innen eine geringere Abnahme zur Folge haben wird als außen.

Bei Werkstücken mit großen Läppflächen werden auch bei diesen Vorrichtungen Läppscheiben mit Waffelmusterrillung verwendet, um die Flächen ganz mit Läpp-mittel versorgen zu können.

19. Arbeiten auf Zweischeibenläppmaschinen. Auf Zweischeibenlappmaschinen (Abb. 36···38) können die Werkstücke in einem Werkstückhalter, dem sog. Läpp-käfig, eingelegt werden, da es nicht möglich ist, die Teile zwischen den beiden Scheiben von Hand zu halten. Auch ist bei diesen Maschinen jeweils das Lappen einer ganzen Werkstückladung gleichzeitig erforderlich, da die obere pendelnd aufgehängte Läppscheibe (Abb. 41) sich auf die Werkstücke auflegt und sich auf diesen gleichmäßig abstützen muß. Dazu sind mindestens drei Werkstücke er-forderlich, die Genauigkeit der Arbeit steigt jedoch mit höherer Werkstückzahl, und übliche Stückzahlen einer Ladung liegen zwischen 6 und 100 Werkstücken.

a) Werkstückhalter-Anordnung. Es wurde schon geschrieben, daß in der unteren Läppscheibe eine *besondere Werkstückhalterspindel* (*a* in Abb. 69) angeordnet ist, die eine von der Läppscheibe abweichende Drehzahl erhält. Auf diese Spindel kann beispielsweise ein in der Höhe einstellbares Exzenter aufgesetzt werden, das als Schieber ausgebildet ist und verschieden große Exzentermaße einzustellen möglich macht. Auf diesem Exzenter werden Werkstückhalter aufgesetzt, die da-durch gegenüber den Läppscheiben eine Zusatzbewegung erhalten, durch die eingelegte Werkstücke zwischen den Läppscheiben radial bewegt werden.

Ein auf dem Exzenterbolzen aufgesetzter Werkstückhalter wird in der Höhe so eingestellt, daß er sich zwischen den beiden Läppscheiben in der Schwebe be-findet und nur die eingelegten Werkstücke oberhalb und unterhalb des Läppkäfigs Berührung mit den Läppflächen haben (Abb. 69). Vielfach wurden die Werkstück-halter gegen Drehung festgehalten; hierzu diente ein seitlich an der Maschine an-geordneter Arm einer Parallellenkung (Abb. 70), der dem Werkstückhalter ledig-lich die Ausführung einer Radialbewegung möglich machte (vgl. auch Abb. 70). Es hat sich aber erwiesen, daß in den meisten Fällen die freie Drehmöglichkeit des

Werkstückhalters zweckmäßiger ist. Die dabei auftretenden Reibungsverhältnisse zwischen den Werkstucken einerseits und der unteren und oberen Läppscheibe andererseits, bestimmen, ob eine Mitnahme des Werkstückhalters im Drehsinn der oberen oder unteren Läppscheibe erfolgt oder ob der Halter stillsteht. Durch diese weitere Freiheit in der Werkstückbewegung wird ein gleichmäßigeres Läppergebnis und ein gleichmäßigeres Abnutzen der Läppscheiben erreicht.

Bei allen Werkstückhaltern ist die richtige Abstimmung der Größe des Exzenterweges, der Läppscheibenabmessungen und der Werkstuckform wichtig, da die Werkstücke innen und außen über die Läppfläche überlaufen sollen.

Der Läppvorgang selbst geht zunächst stets sehr schnell vor sich, da an jedem Werkstück nur wenige tragende Flachenteile vorhanden sind und auch nicht alle

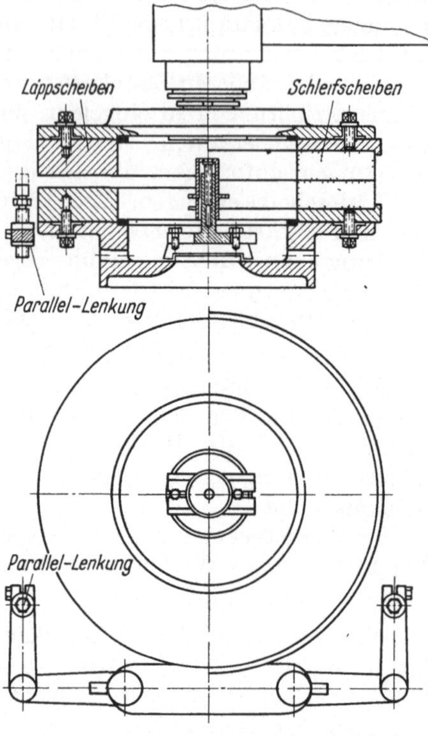

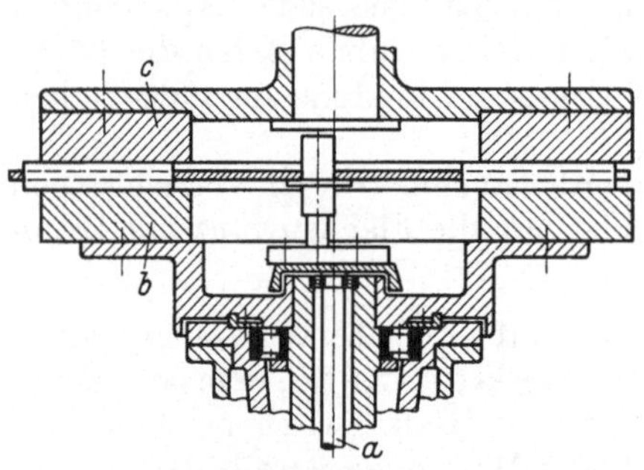

Abb 69 Werkstuckhalter-Anordnung
a Werkstuckhalterspindel, *b* untere Lappscheibe, *c* obere Lappscheibe

Abb 70   Parallellenker, der den Werkstuckhalter an der Drehung hindert und nur eine Pendelbewegung gestattet.

Werkstücke der Ladung wegen ihrer unterschiedlichen Maße im Anlieferungszustand sofort bearbeitet werden. Erst mit fortschreitendem Lappen wird die bearbeitete Fläche immer größer (Abb. 71) und entsprechend die Abnahme in der Zeiteinheit kleiner. Zwischenzeitlich wird zweckmäßig die Arbeit unterbrochen,

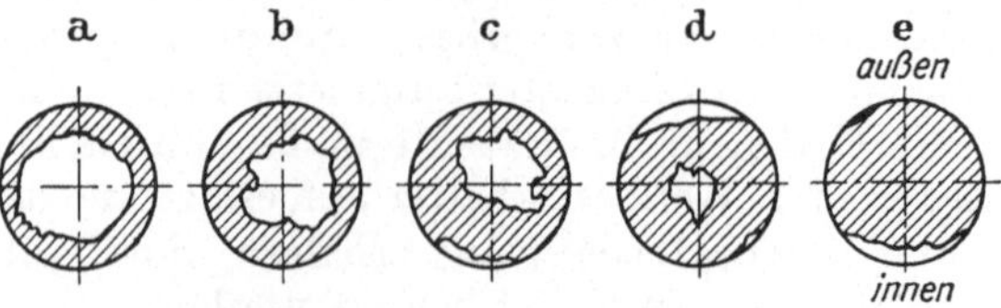

Abb 71. Fortschreiten des Lappvorganges an der Stirnflache eines zylindrischen Werktsuckes[1]

t gelaufene Zeit, *V* Volligkeitsgrad der beruhrten Flache

a) $t = \frac{1}{2}$ min, $V = 52\%$ c) $t = 1\frac{1}{2}$ min $V = 75\%$
b) $t = 1$,, $V = 66\%$ d) $t = 2\frac{1}{2}$,, $V = 84\%$
          e) $t = 3\frac{1}{2}$ min $V = 88\%$

die obere Läppscheibe angehoben und ausgeschwenkt und die Werkstucke auf das inzwischen erreichte Maß und die Formgenauigkeit geprüft. Dabei werden notigenfalls die Werkstücke einer Ladung so untereinander vertauscht, daß die bisher außen liegenden, vorwiegend vom großen Läppscheibendurchmesser bearbeiteten Teile nach innen und umgekehrt die inneren nach außen zu liegen kommen Durch Austauschen uber Kreuz lassen sich auch Unterschiedlichkeiten in den

---

[1] Siehe Fußnote S. 59.

erzielten Maßen ausgleichen. Hier ist wie uberall beim Läppen Unregelmäßigkeit nur von Vorteil.

Bei Zweischeibenlappmaschinen muß zwischen Außenrundbearbeitung und Planparallelbearbeitung unterschieden werden.

b) Bei der **Außenrundbearbeitung** rollen die unter einem kleinen Winkel gegen die radiale Richtung in den Werkstückhalter eingelegten Werkstücke (Abb. 72) zwischen den beiden sich entgegengesetzt drehenden Läppscheiben. Durch vier verschiedene Momente wird dabei eine Läppwirkung erzielt.

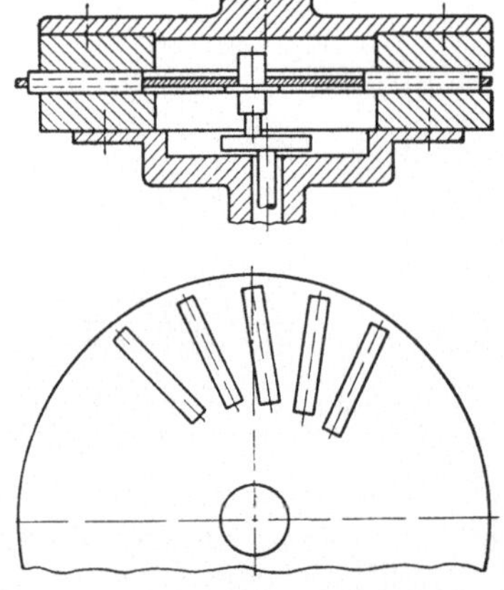

Abb. 72. Werkstuckhaltung beim Außenrundlappen.

1. Durch die unterschiedliche Geschwindigkeit der Läppscheibe am äußeren und am inneren Durchmesser muß sich die Rollbewegung der Werkstucke auf eine mittlere Geschwindigkeit einstellen, alle anderen Werkstückstellen reiben an der Läppscheibenfläche und werden dabei geläppt.

2. Obere und untere Läppscheibe haben etwas unterschiedliche Drehzahlen (Abb. 39 und 40), so daß die Werkstücke sich mit ihrer Rollgeschwindigkeit auf eine von beiden Drehzahlen oder auf ein Mittelmaß einstellen. Dadurch wird eine weitere Reibwirkung der Werkstücke hervorgerufen.

3. Die Radialbewegung der Werkstücke durch den auf dem Exzenter sitzenden Werkstückhalter bringt es mit sich, daß immer andere Stellen des Werkstuckes in der Zone rollen, in der die Werkstuckdrehung mit der Läppscheibendrehung übereinstimmt oder doch einen Mittelwert zwischen Läppscheibendrehung beider Scheiben annimmt. Die ständige Verlagerung der nur rollenden Zone bedeutet also eine weitere Reibwirkung und damit Läppen der Werkstücke.

4. Das nicht rein radiale sondern etwas tangentiale Einlegen der Werkstücke in den Werkstuckhalter macht eine reine Rollbewegung unmoglich, sie ist stets mit einer zusatzlichen, schiebenden Bewegung verbunden, die wieder eine Läppwirkung zur Folge hat.

Als Schräglage der Werkstucke beim Außenrundläppen hat sich ein Winkel von 7° gegen die radiale Richtung, bezogen auf den Lappscheiben-Außendurchmesser, als zweckmäßig erwiesen.

Für die Werkstuckgenauigkeit und die Erzielung einer guten Oberfläche ist aber auch der Werkstoff, der Werkstückhalter und die Anordnung der Werkstucke in dem Halter von Wichtigkeit. Zylindrische Werkstucke fuhren eine Rollbewegung aus, sie drehen sich in dem Werkstuckhalter um ihre Längsachse. Es muß dabei vermieden werden, daß die geläppte Werkstuckfläche beschädigt wird, weil sie am Werkstückhalter reibt, und daß dieser sich durch die Drehbewegung des Werkstückes abnutzt.

Für sehr *dunne* zylindrische Werkstücke, etwa bis 4 mm Durchmesser, verwendet man Werkstückhalter aus *Stahlblech*, bei *großeren* Durchmessern solche aus *Kunststoff*, Preßholz oder ähnlichen Stoffen. Rein zylindrische Werkstücke ohne Bund und ohne Bohrung, wie beispielsweise Rollen, müssen einfach in die entsprechenden Ausschnitte der Werkstuckhalter eingelegt werden. Es wird nach Möglichkeit ein Halter aus Kunststoff verwendet, der die Werkstuckoberfläche nicht so leicht beschädigt wie ein Stahlhalter. Auch hat sich die Abstützung gegen

Kugeln (Abb. 73) als zweckmäßig erwiesen. Wenn die Kugeln rund 1 mm kleiner sind als der Werkstückdurchmesser (Abb. 74), ergibt sich ein ruhiger Lauf ohne jede Markierung auf der Oberfläche. Die Anordnung langer Werkstücke bereitet

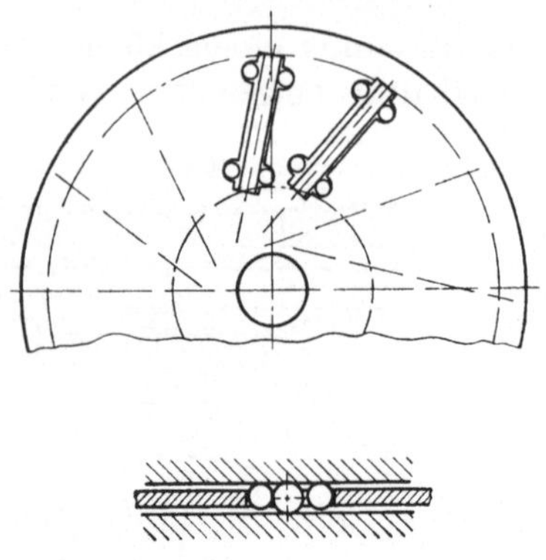

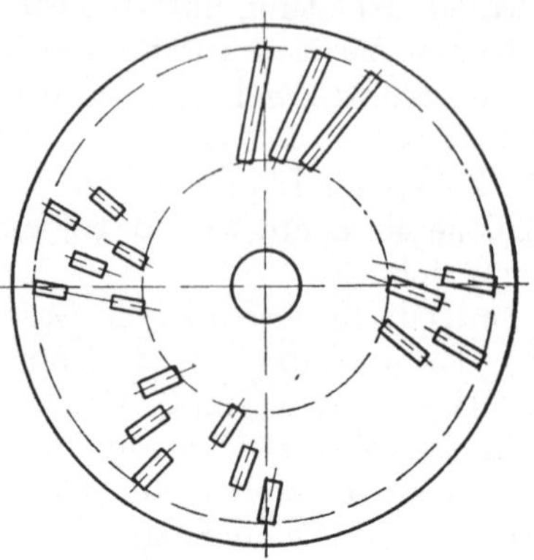

Abb 73 und 74. Abstutzung der
Werkstucke gegen Kugeln

Abb 75. Gestaffelte Anordnung bei
kurzeren Werkstucken.

keine Schwierigkeiten, bei geringen Längen dagegen kann die gestaffelte Anordnung (Abb. 75) in Frage kommen.

Bei *Werkstücken mit Zapfen* läßt sich die Führung in dem Halter so ausbilden, daß nur die Zapfen führen und die geläppte Fläche durch größeren Ausschnitt der Aufnahmetasche im Werkstückhalter diesen nicht berührt (Abb. 76). Hohle Werkstücke wie Kolbenbolzen können durch eine für den Läppvorgang eingelegte

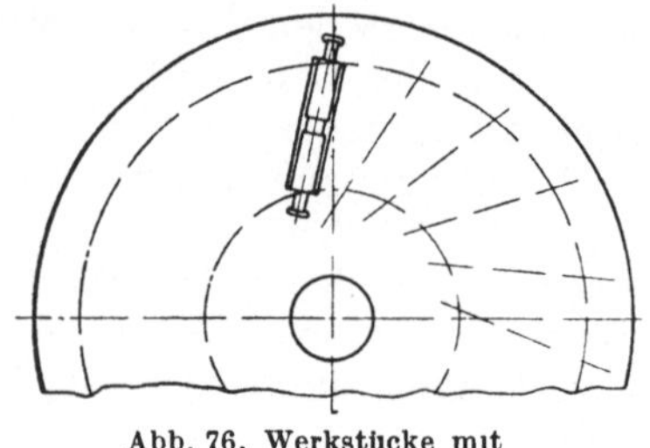

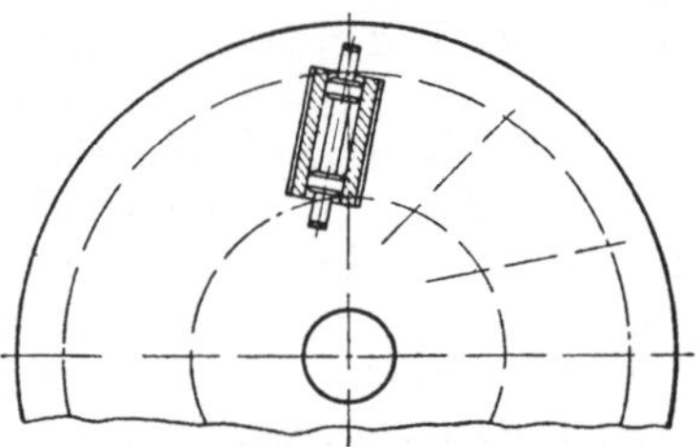

Abb. 76. Werkstucke mit
Zapfen.

Abb. 77. Hohle Werkstucke mit
Zapfenhalterung.

Achse zu Werkstücken mit Zapfen gemacht werden und genau so eingelegt zum Läppen kommen (Abb. 77). Bei Werkstücken mit Spitzen oder solchen mit einseitigem Kopf und Spitze auf der Gegenseite läßt sich eine axiale Festlegung durch den Kopf, und eine radiale durch die Spitze vornehmen, wobei letztere zur Verringerung der Abnutzung des Kunststoff-Werkstückhalters in eine gehärtete Führung eingelegt wird, die in den Halter eingesetzt ist (Abb. 78).

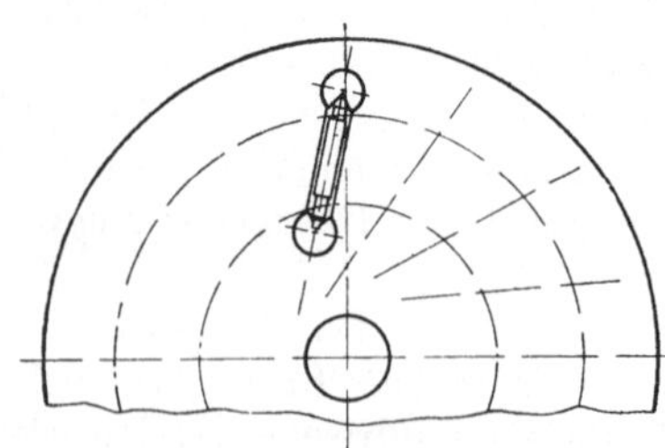

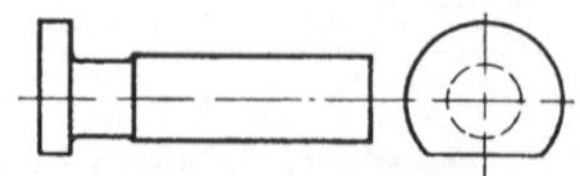

Abb 78 Werkstucke mit Kopf und Spitze,
gelagert in geharteten Stahleinsatzen

Abb 79. Werkstuck mit
einseitiger Abflachung

Schwierigkeiten bereiten zylindrische Werkstücke, die infolge einseitiger Köpfe oder Abflachungen (Abb. 79) nicht *schlagfrei* rundlaufen. Sie werden beim Abrollen zwischen den beiden Läppscheiben stets zum Schlagen neigen und nicht genau rund geläppt werden. Hier ist anzustreben, daß durch Änderung der Konstruktion eine Verbesserung der Werkstückform erreicht wird oder daß die Arbeitsplanung bei der Fertigung ein Gegengewicht stehen läßt, das erst nach der Läppbearbeitung weggenommen wird. Endlich sei auch hier noch einmal darauf hingewiesen, daß ein Formfehler, besonders der Gleichdickfehler, nicht beseitigt werden kann, wenn er von der Vorbearbeitung her noch vorhanden ist. Es muß deshalb darauf geachtet werden, daß nur wirklich genau runde Werkstücke zum Läppen kommen.

c) Bei einer **Planparallelbearbeitung** von Werkstücken auf Zweischeiben-Läppmaschinen entfällt die Gefahr der Beschädigung geläppter Flächen durch den Werkstückhalter, da dieser die Läppfläche nicht berührt. Es können deshalb in den meisten Fällen Werkstückhalter aus Stahlblech Verwendung finden.

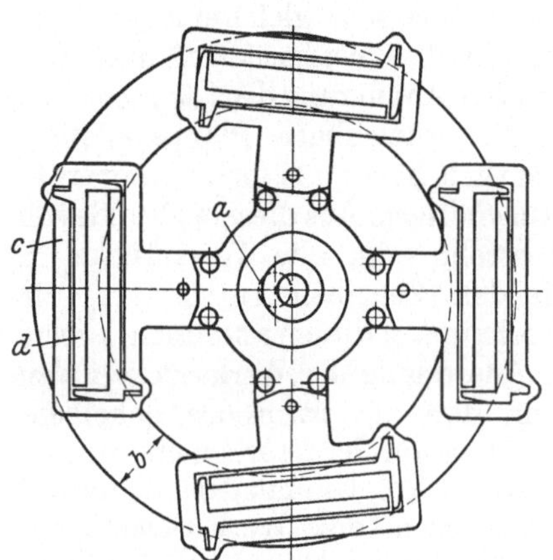

Abb. 80. Werkstückhalter mit Pendelgelenken.
a Bahn der Mitte des Werkstückhalters;
b Läppscheibenbreite, *c* Aufnahmetasche;
d Werkstück

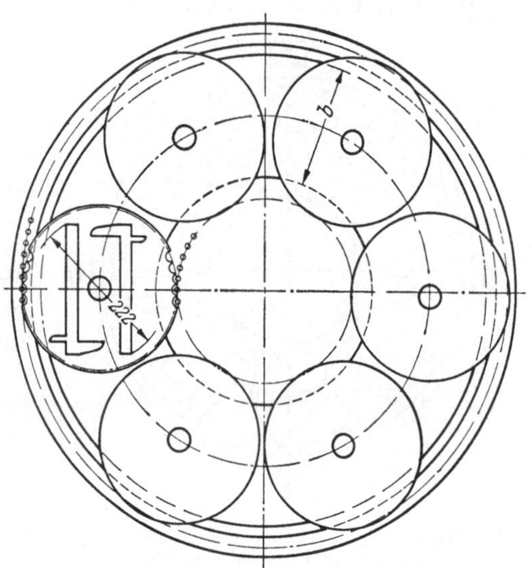

Abb 81. Umlaufende Werkstückhalter mit
Abwalzvorrichtung zum Läppen von Zylindern.
b Läppscheibenbreite.

Bei Läppbearbeitung in einem vom Exzenterbolzen aus bewegten Werkstückhalter wird den Werkstücken eine zusätzliche Radialbewegung erteilt. Es läßt sich aber nicht vermeiden, daß der Angriff der Läppmittel immer in fast der gleichen Richtung erfolgt, wenn auch an wechselnd großen Radien. Man verwendet derartige Halter daher möglichst nur bei sehr großen oder sperrigen Werkstücken, bei denen die später beschriebenen Haltereinrichtungen nicht anwendbar sind. Bei entgegengesetzter Drehrichtung der beiden Läppscheiben ist ein Festhalten des Werkstückhalters nicht nur nicht erforderlich, sondern nach Möglichkeit sogar zu vermeiden, um seinen Stillstand bzw. seine Drehbewegung von den Reibungsverhältnissen beeinflussen zu lassen. Wenn irgend möglich, gibt man den Werkstücken innerhalb des Werkstückhalters noch eine weitere Freiheit, was dadurch erreicht werden kann, daß man sie nicht in einen starren Halter, also in eine Scheibe einlegt, sondern den Halter in sich beweglich macht. So legt man beispielsweise Schieblehrenstäbe in *Aufnahmetaschen* ein, die gelenkig an einem Mittelflansch angesetzt werden und sich um den Befestigungsbolzen drehen können (Abb. 80). Der Mittelflansch wird vom Exzenter aus zusätzlich bewegt, so daß die einzelnen Schieblehrenstäbe zunächst eine zusätzliche Radialbewegung ausführen. Diese wird noch überlagert durch das Pendeln der einzelnen Taschen. Die zahlreichen

Bewegungsfreiheiten der Werkstücke bringen es mit sich, daß selbst sehr lange Schieblehrenstäbe auf eine hohe Planparallelität gebracht werden können, die bei einfachem Einlegen in einen Werkstückhalter nicht erzielbar wäre. Nach diesen Gesichtspunkten sollten stets Werkstückhalter aufgebaut werden, wenn es sich nicht vermeiden läßt, Werkstücke in diesen zu läppen.

Zweckmäßiger ist die Anordnung der Werkstücke in *umlaufenden außenverzahnten Scheiben* (Abb. 81), die durch einen bewegten Zahnkranz innerhalb der Läppscheiben und einen feststehenden außerhalb sich über die Läppfläche wegdrehen und den einzelnen Werkstücken eine zykloidische Bewegung erteilen. In die umlaufenden verzahnten Scheiben lassen sich Werkstücke der verschiedensten Formen einlegen, da die Ausschnitte für die Aufnahme entsprechend ausgeführt werden können (Abb. 82). Auf diese Weise wird eine sehr gleichmäßige Läppwirkung an den Werkstücken und eine gleichmäßige Abnutzung der Läppscheiben erzielt. Die erreichbare Planparallelität ist wesentlich höher als beim Läppen in Werkstückhaltern. Aus diesem Grunde soll man bestrebt sein, alle Werkstücke in umlaufenden Scheiben zu läppen, die sich überhaupt in diesen anordnen lassen. Bei der Anordnung der Werkstücke ist zu beachten, daß die Bahn des Scheibenmittelpunktes auf der Läppscheibe ein einfacher Kreis wird. Es muß deshalb darauf geachtet werden, daß Werkstücke möglichst nicht mit zu läppenden Flächenstücken in den Mittelpunkt oder dessen Nähe liegen. Je weiter außen am Umfang Werkstücke eingelegt werden, um so günstiger wird das Arbeitsergebnis. Dies wird

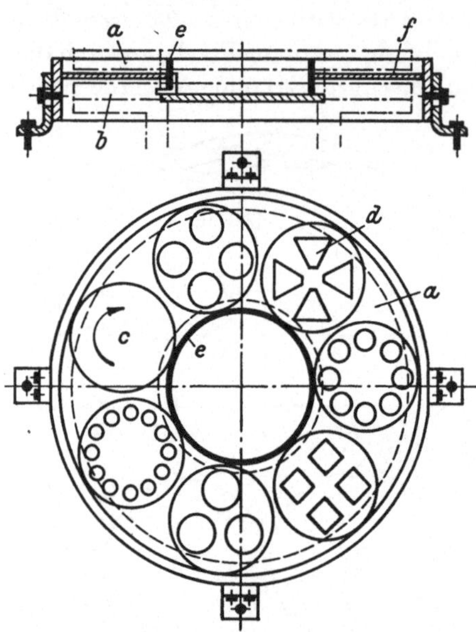

Abb. 82. Abwälzvorrichtung Werkstücke machen zykloidische Planetenbewegung.

a obere Läppscheibe, dreht sich im Uhrzeigersinn; *b* untere Läppscheibe dreht sich entgegengesetzt; *c* Läuferscheibe (Werkstückhalter); *d* Öffnungen für die Werkstücke; *e* innerer Walzring, dreht sich mit *b*; *f* äußerer Walzring, ist festgehalten.

verständlich, wenn man sich die verschiedenen Zykloiden vergegenwärtigt, die verschiedene Punkte der umlaufenden Scheiben beschreiben.

d) Bei der sehr wichtigen Aufgabe genau planparalleler Bearbeitung kleiner Werkstücke mit besonders engen Toleranzen, wie beispielsweise Endmaße, die gleichzeitig eine sehr gute Oberfläche mit hohem Traganteil erfordern, ist eine Umgestaltung der Läppmaschine nicht zu vermeiden. Es hat sich als zweckmäßig erwiesen, die letzte Genauigkeit dadurch zu erreichen, daß die Werkstücke mit ihren Haltern zwischen ganz oder fast stillstehenden Läppscheiben bewegt werden. Um dieses zu ermöglichen, muß die Antriebswelle für die Werkstückhalter einen gesonderten Antrieb unabhängig von der Läppscheibendrehung erhalten. Für die Halter selbst hat man vielfach Stahlscheiben verwendet, die vom Exzenterbolzen aus in bekannter Weise bewegt werden und größere innenverzahnte Bohrungen über der Läppfläche haben. In diese Bohrungen werden kleinere, außenverzahnte Scheiben eingelegt (Abb. 83), die die Aufnahmeschlitze für die Werkstücke, beispielsweise für je drei Endmaße, haben. Durch die Exzenterbewegung der Haltescheibe kommen die eingelegten außenverzahnten Scheiben immer wieder außer Eingriff und an anderer Stelle der Bohrung erneut zum Eingriff, die außenverzahnten Scheiben führen dabei also eine langsame, aber nicht genau festgelegte Drehbewegung aus.

Eine bessere Wirkung kann durch zwangläufige Mitnahme der verzahnten Scheiben ähnlich Abb. 68 erreicht werden. Es besteht dann die Sicherheit, daß die Werkstücke unter ständiger Bewegung zwischen den Läppscheiben mal an deren Außenseite, mal an deren Innenseite gelangen, also wirklich die ganze Scheibenbreite bestreichen. Diese zuverlässige Wegbestimmung der Werkstücke verbunden mit einer sehr feinfühligen Pendelung der oberen Läppscheibe, macht es möglich, die Werkstücke treffsicher auf einen Planparallelitätsfehler von nur 0,1 μ zu läppen, der in der Praxis vielfach noch wesentlich unterschritten wird[1].

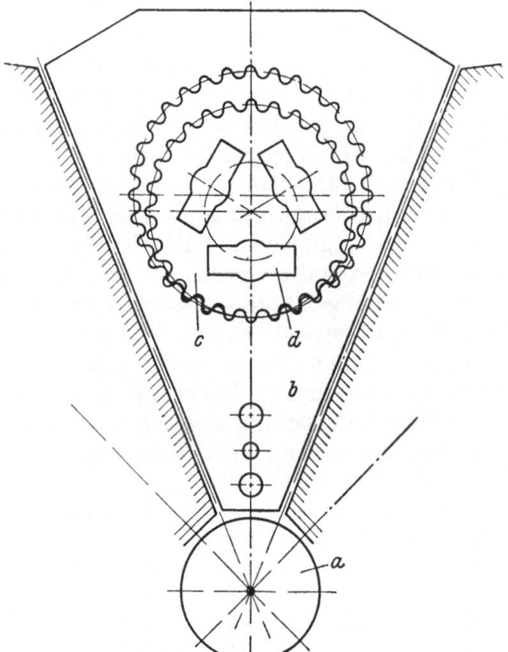

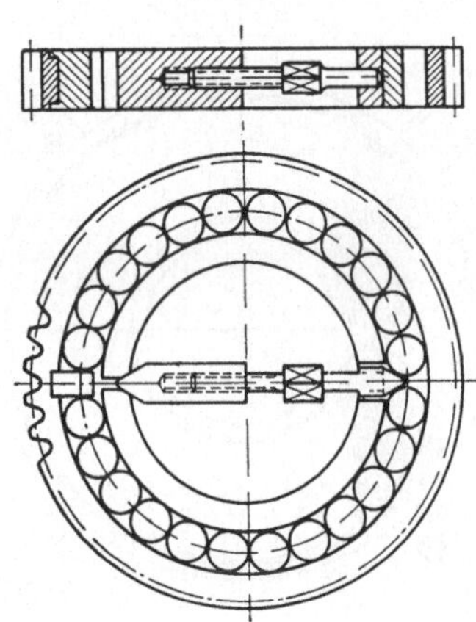

Eine Verbesserung der in Abb. 81 gezeigten Anordnung der verzahnten Läuferscheiben mit Innen- und Außenzahnkranz läßt sich erzielen, wenn der innere, angetriebene Zahnkranz exzentrisch auf die Mitnahmespindel aufgesetzt und der

Abb. 83. Werkstückhalter für Endmaße.   Abb. 84. Spannvorrichtung für Rollen.

äußere, feststehende Zahnkranz in radialer Richtung etwas verschiebbar angeordnet wird. Die Verbindung zwischen dem inneren und äußeren Zahnkranz wird dabei von den verzahnten Scheiben mit den Werkstücken hergestellt. Durch die exzentrische Bewegung des inneren Zahnkranzes wird dessen Bewegung über die Läuferscheiben dem äußeren Zahnkranz übermittelt, die zykloidischen Bahnkurven der einzelnen Werkstücke liegen daher radial verschoben auf der Läppfläche. So wird eine weitere Zusatzbewegung geschaffen, die das Läppergebnis günstig beeinflußt.

Auf eine Sonderform von außenverzahnten Läuferscheiben sei noch hingewiesen. Sie hat grundsätzliche Bedeutung, da die Aufgabe gelöst ist, einzelne *Rollen an den beiden Stirnflächen planparallel* zu läppen, dabei aber eine Winkligkeit zu dem Außendurchmesser sicherzustellen. Die Werkstücke werden (Abb. 84) in verzahnte Scheiben eingespannt, die innen eine *genau winklig* geschliffene Zylinderfläche haben. Durch die Spannung wird erreicht, daß die Werkstücke mit ihrem Umfang

---

[1] In der Praxis wird 0,05 μ erreicht.

fest gegen die Zylinderbohrung der Halteschiebe anliegen. Die von der Vorbearbeitung vorhandenen Formfehler der Stirnflächen gleichen sich bei der großen Zahl der in jeder Scheibe gespannten Rollen aus, so daß die Stirnflächen aufgabegemäß winklig geläppt werden. Dies Beispiel zeigt, daß es sehr wohl möglich ist, in besonderen Fällen die Lage einer zu läppenden Fläche zu beeinflussen. Hierdurch kann das Aufgabengebiet von Läppmaschinen sehr wesentlich erweitert werden.

Für sehr dünne, außenrunde oder sonst kleine Werkstücke, die nur schlecht in einem Werkstückhalter oder in Läuferscheiben aufgenommen und planparallel gelappt werden können, findet eine ganz andere Art der Bearbeitung statt. Es wird innen und außen um die Läppscheiben herum ein einfacher Blechring gelegt, der ein Herunterfallen der Werkstücke von den Läppscheiben unmöglich macht, jedoch einen kleinen Überlauf der Werkstücke über den Läppscheibenrand zuläßt. Es wird dann fast die ganze Läppscheibenfläche mit Werkstücken vollgelegt, die zweite Läppscheibe aufgelegt und beide gegenläufig angetrieben. Es zeigt sich nun, daß die Werkstücke nicht an ihrem Platz bleiben, sondern daß die inneren Werkstücke langsam nach außen wandern und außenliegende zur Mitte hinschieben. Erfahrungsgemäß werden so sehr genau planparallel geläppte Werkstücke erreicht, besonders wenn sie außen rund sind und keinen großen Durchmesser haben, sich also nicht aneinander festklemmen können.

Eine Abwandlung der eben beschriebenen Einrichtung wird beim Läppen der Stirnflächen von Rollen und ähnlichen Werkstücken angewendet. Allerdings läßt man dabei beide Läppscheiben in gleicher Drehrichtung umlaufen. Dabei würden sie die Rollen einfach zwischen sich mitnehmen. Nun ist aber an den feststehenden Außenringen eine Kurve angeschraubt (Abb. 85), die alle gegen sie laufenden Rollen zwingt, nach der Mitte zu auszuweichen. Von dort aus können sie sich

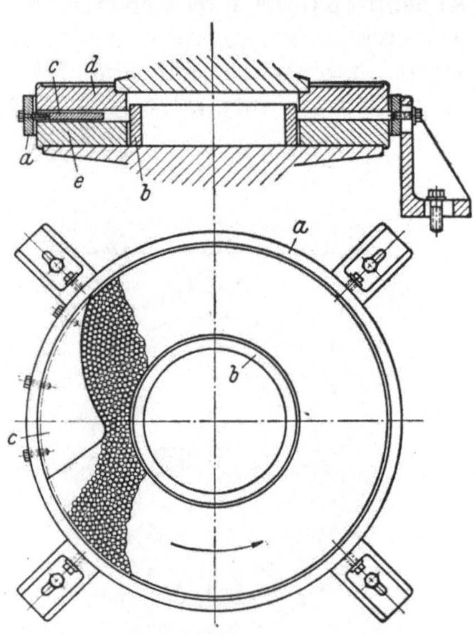

Abb. 85. Vorrichtung zum Läppen der Stirnflächen kleiner Rollen mit Kurvenführung für die Werkstücke.

wieder frei bewegen, bis sie in den Bereich der Kurve kommen, die vor sich einen starken Stau von Werkstücken bildet, während dahinter ein verhältnismäßig leerer Raum ist. Durch diese Kurve wird jedes Werkstück zwangläufig von außen nach innen gebracht und so sehr günstig geläppt.

Es zeigt sich also, daß für das Planparallelläppen von Werkstücken die verschiedensten Methoden angewendet werden können. Die Auswahl des günstigsten Weges richtet sich nach Form und Größe der Werkstücke. In allen Fällen wurde jedoch ladungsweise geläppt, d. h. es wird eine größere oder kleinere Stückzahl von Werkstücken in die Maschine eingelegt, gemeinsam fertiggeläppt und dann wieder herausgenommen. Die erforderliche hohe Genauigkeit und die für eine Ladung meist recht lange Arbeitszeit, die bei großen Werkstückzahlen dabei recht kurze Läppzeiten, bezogen auf das einzelne Werkstück, ergeben kann, macht ein ununterbrochenes Arbeiten nur schwer möglich.

e) Trotzdem ist verschiedentlich versucht worden, an Stelle des ladungsweisen Läppens ein ununterbrochenes Läppen einzuführen, um dadurch Zeitgewinne zu erzielen. Bei kleineren Werkstücken aus der Massenfabrikation konnte der Wunsch nach einer fortlaufenden Arbeitsweise erfüllt werden. Hierzu ist eine Sondereinrichtung erforderlich, mit welcher Werkstücke während des Durchlaufens der Läppzone (Abb. 86) in Umdrehung versetzt und gleichzeitig federnd angedrückt werden. Es wird dabei also auf der Zweischeiben-Lappmaschine nur ein einseitiges Läppen der Werkstücke vorgenommen.

Angedrückt werden die Werkstücke mit Hilfe einer Anzahl von Spindeln, die auf einem kreisrunden Spindelträger exzentrisch zur unteren Läppscheibe angeordnet sind. Diese Spindeln stehen unter Federdruck und haben unten auswechselbare Mitnehmer. Durch Anschlagschrauben wird verhindert, daß die Mitnehmer mit der Läppscheibe in Berührung kommen, wenn kein Teil eingelegt würde. Die Spindel wird mittels Keilriemen von der ausgeschwenkten Oberspindel aus angetrieben. Der Spindelträger ist so über der Läppscheibe angeordnet, daß die Werkstücke die Läppscheibe vollständig über-

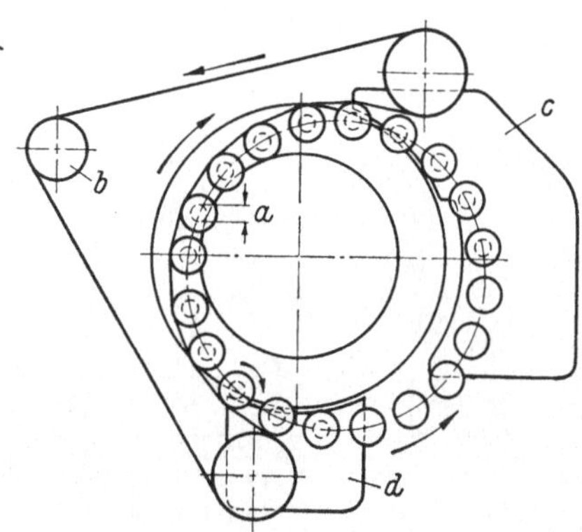

Abb. 86. Anordnung zum ununterbrochenen Lappen. a Werkstuckdurchmesser, b Antrieb; c Einlegetisch; d Auslauftisch.

streichen, also beim Erreichen des inneren Durchmessers etwas über den Rand hinauslaufen. Beim Verlassen der Lappscheibe kommen die Spindeln zum Stillstand und werden gleichzeitig mittels Rolle und Auflaufkurve hochgehoben. Die Vorschubgeschwindigkeit kann durch Austausch von Wechselrädern geandert werden. Zum Transport der Werkstücke dient ein Mitnehmerring mit sagezahnähnlichen Ausnehmungen, in welche die Werkstücke von Hand eingelegt werden. Sie werden von den Spindeln erst gefaßt, wenn sie ganz im Bereich der Lappscheibe sind.

Der Mitnehmerring und der Spindelträger sind fest miteinander verbunden und laufen mit derselben Geschwindigkeit exzentrisch zur Läppscheibe um. Die ganze Einrichtung ist ausschwenkbar auf einer Saule angeordnet, welche am Gestell der Maschine befestigt wird.

Auch das ununterbrochene zweiseitige Läppen kleiner Werkstücke ist bereits durchgeführt worden. Die im Magazin zugeführten Werkstücke werden in den rundlaufenden Werkstückhalter eingelegt und von diesem zwischen die beiden Läppscheiben transportiert. Beim Verlassen des Lappbereiches fallen die fertigen Werkstücke nach unten aus, so daß neue Werkstücke eingelegt werden können. Der Durchlauf zwischen den Lappscheiben beträgt nur 270···300⁰, ist also sehr kurz und es kann in dieser Zeit nur sehr wenig abgeläppt werden. Der wirtschaftliche Erfolg einer solchen Einrichtung muß deshalb sehr genau geprüft werden.

f) **Einseitiges Lappen von Flachteilen** kann ebenfalls auf Zweischeiben-Läppmaschinen durchgeführt werden. Die Werkstücke müssen dabei die gewöhnliche Bewegung erhalten, werden aber von oben her nicht geläppt sondern nur angedrückt, und das andrückende Element muß die Exzenterbewegung mitmachen. Diese Arbeitsweise wird durch eine Einrichtung ermöglicht, welche an Stelle der oberen Läppscheibe angebracht wird und den oberen Aufnahmeflansch vom Exzenter aus mit dem Käfig zusammen exzentrisch bewegt (Abb. 87). Das kann unter Verwendung von einem verlängerten Exzenterzapfen (Abb. 88), evtl mit einem Zwischenbolzen (Abb. 89), geschehen. Es ist aber auch möglich, den Antrieb durch zwei Bolzen vom Läppkäfig aus vorzunehmen (Abb. 87).

Am gebräuchlichsten ist es, auf der Unterscheibe zu läppen und die Werkstücke dabei durch federnde Stößel (Abb. 87) oder durch eine Gummizwischenlage anzudrücken (Abb. 88). Der Gummibelag wird im allgemeinen in einen Aufnahmeteller eingekittet.

Die federnde Zwischenlage kann entbehrt werden, wenn die Werkstücke auf genaue Stärke vorgearbeitet sind. Bei einer Einrichtung zum Läppen der Stirn-

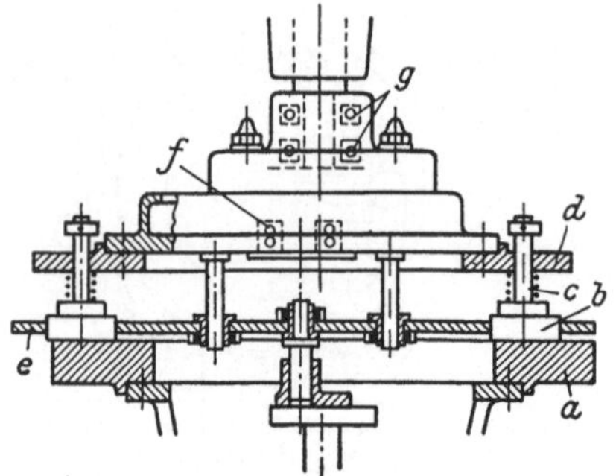

Abb. 87. Einseitig Flachläppen auf unterer Lappscheibe. Andrücken durch federnde Stößel.

a untere Läppscheibe, läuft zentrisch um; *b* Werkstücke; *c* federnde Stößel; *d* Andrückplatte, mit dem Käfig *e* zusammen durch zwei Bolzen gekuppelt, exzentrisch bewegt; *f* Pendellager; *g* Kugellager.

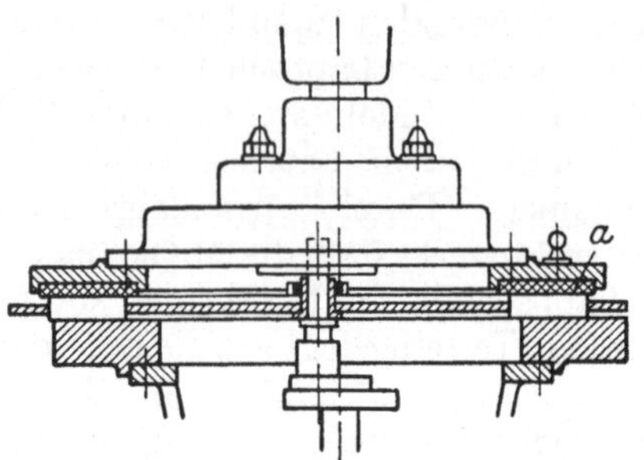

Abb. 88. Läppen auf unterer Scheibe. Andrücken durch Gummischeiben. Andruckplatte und Käfig werden, durch verlängerten Exzenterzapfen gekuppelt, exzentrisch bewegt.

a Gummibelag.

fläche eines abgesetzten Teiles (Abb. 89) ist es notwendig, daß die Kopfenden der Werkstücke und die Aufnahmekörper je unter sich genau gleich hoch sind. Letztere werden deshalb vor dem Einsetzen der Teile überläppt. Um die Teile bequem einsetzen zu können, wird in diesem Fall mit der Oberscheibe gearbeitet. Sie wird

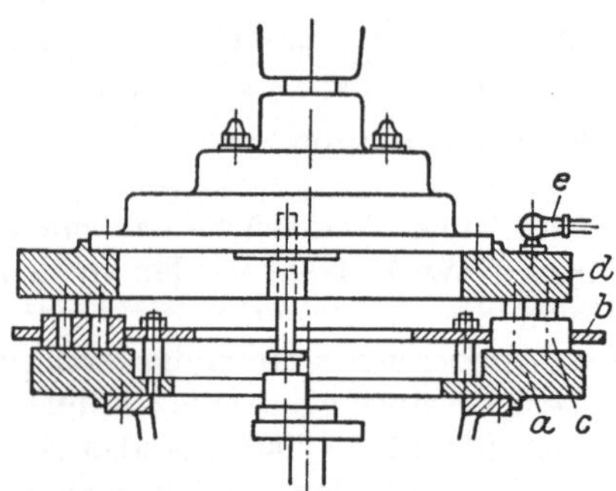

Abb. 89. Läppen mit oberer Scheibe. Untere Läppscheibe *a* und Käfig *b*, durch Zwischenbolzen gekuppelt, laufen zentrisch; *c* Werkstück bzw. Aufnahmekörper; *d* Oberscheibe, durch verlängerten Exzenterzapfen und Zwischenbolzen exzentrisch bewegt; *e* Haltestange, wird beim Lappschleifen verwendet.

exzentrisch bewegt und der Käfig fest mit der Unterscheibe verbunden, so daß zwischen den Aufnahmekörpern und der unteren Läppscheibe keine Bewegung stattfindet.

Die an der Oberscheibe befestigte Andrückeinrichtung läßt man bei zwangsläufiger Exzenterbewegung in der Umlaufrichtung einfach mitschleppen. Der Geschwindigkeitsunterschied zwischen Läppscheibe und Werkstück wird dadurch gering und man erhält in bezug auf Oberflächengüte und Genauigkeit die besten Läppergebnisse.

Während bei den bisher beschriebenen Arbeiten stets die Läppscheibe mit Werkstücken belegt wurde, kann es auch *Werkstücke* geben, *denen sich die Form der Läppscheibe anpassen muß*. In solchen Fällen ist der betreffende Satz Läppscheiben nur für das bestimmte Werkstück verwendbar und muß nach der Bearbeitung zusammen mit dem Werkstückhalter bis zur nächsten Bearbeitung dieser Teile aufgehoben werden. Hierher können — beim Rundläppen wie beim Planparallelläppen — Teile gehören, für die eine Aussparung der Läppscheiben nötig

ist, da nur zwei ganz schmale Durchmesser mit entsprechend schmalen Scheiben
geläppt werden sollen (Abb. 90) oder weil ein Teil des Werkstückes sich in dem
ausgesparten Scheibenteil drehen oder sonstwie bewegen
soll, während andere Werkstückflächen geläppt werden.

g) Hinsichtlich der Läppscheibenauswahl gilt
ähnliches wie bei den Flachläppmaschinen. In der Regel
wird man die Bearbeitung mit glatten Läppscheiben
durchführen, stets bei Außenrundläpparbeiten und bei
nicht zu großen Läppflächen auch bei Planparallelläppen.
Bei sehr großen Flächen, die gleichzeitig bearbeitet
werden, ist dagegen die Anwendung einer Läppscheibe
mit Waffelmusterrillen angebracht.

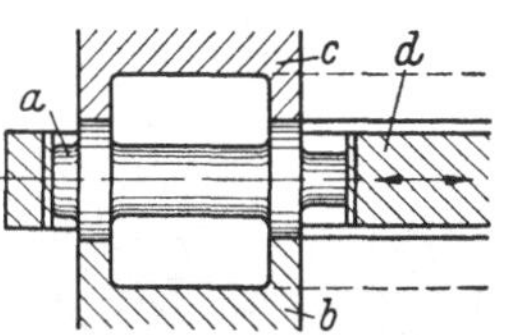

Abb. 90. **Anpassung der
Lappscheibe an die Form
des Werkstückes.**

a Werkstück; *b* untere
Lappscheibe; *c* obere
Lappscheibe; *d* Werk-
stuckhalter, durch Ex-
zenter hin- und herbewegt.

Die *Läppgeschwindigkeit* soll nicht zu hoch gewählt
werden. Man ist leicht geneigt zu glauben, daß durch
eine Erhöhung der Geschwindigkeit eine Erhöhung
der Leistung erzielt werden könnte. Oft ist gerade das Gegenteil der Fall,
denn es handelt sich ja nicht um ein Schleifen mit gebundenem Korn, bei dem die
Kornspitze ihre feste Bahn hat und den Werkstoff bearbeitet, sondern um lose
Läppkörner, die Zeit haben müssen, die Bearbeitung vorzunehmen, ohne einfach
durch zu hohe Geschwindigkeit abzustumpfen und dann zu rollen statt zu schneiden.
Bei nicht befriedigenden Leistungen versuche man deshalb stets einmal eine Ver-
kleinerung der Geschwindigkeit und man kann damit mehr Erfolg haben als mit
einer Vergrößerung.

20. Arbeitsweise auf Innen- und Außenrundläppmaschinen. Auf den Innen-
und Außenrundläppmaschinen werden die *Werkzeuge* in die Läppspindel eingespannt und erhalten durch diese eine Drehbewegung und eine schwingende
Axialbewegung. Die Anschlagvorrichtung (Abb. 54) mit der passenden Traverse
und Anschlagplatte wird über den Dorn geschoben. Dabei wird beachtet, daß
das *Werkstück* noch eine Führung in der Länge von 1···2mal seinen Durchmesser
behält, wenn es gegen den Anschlag zu liegen kommt. Dieses ist die innere An-
schlagfestlegung. Die äußere Einstellung ist entsprechend vorzunehmen.

a) Maschinen mit waagerechter Läppspindel. Bei Arbeitsbeginn wird
das Läppmittel mit einem Pinsel an die Läpphülse gestrichen und auf diese Weise
vermieden, daß zu viel Läppmittel aufgetragen wird, da hierdurch unrunde Bohrungen und solche mit Vorweiten entstehen. Denn der Läppdorn würde nicht mehr
die Bohrung ausfüllen, sondern von zuviel Läppmittel umgeben sein und dadurch
seine Form nicht in die Bohrung übertragen können.

Bei Stillstand der Maschine wird nun das Werkstück über die Läpphülse geschoben und dabei darauf geachtet, daß es sich noch auf der Hülse drehen läßt.
Ist noch nicht der richtige schiebende Passungssitz erreicht, so wird die Läpphülse
aufgeweitet, was entweder maschinell oder durch einen von Hand geführten Amboß
erfolgt, je nachdem welche Maschineneinrichtung vorhanden ist und welcher
Durchmesser geläppt wird. Dann kann mit dem Läppvorgang begonnen werden,
wobei das Werkstück bei der waagerechten Maschine von Hand zwischen den Anschlägen der Anschlagvorrichtung langsam hin- und herbewegt wird. An Stellen,
an denen ein merklicher Widerstand fühlbar ist, wird der Läppvorgang länger fort-
geführt. Hat sich das Werkstück frei gearbeitet, weil sich sein Durchmesser vergrößert und teilweise auch der Durchmesser der Läpphülse verkleinert hat, so muß
diese nachgestellt werden, maschinell oder durch Handamboß, je nach Maschinen-
ausrüstung. Dieser Vorgang ist so lange zu wiederholen, bis das Fertigmaß des
Werkstückes erreicht ist.

Liegen eine größere Anzahl gleicher Werkstücke mit etwa gleicher Material-
zugabe vor, so ist der Läppvorgang einfacher. Es sind dann jeweils bei einer
Läpphülseneinstellung je $10 \cdots 20$ Werkstücke als Vorbearbeitung zu läppen und
erst dann die Läpphülse auf das nächstgrößere Maß zu verstellen. Dies wirkt
sich besonders günstig aus, wenn eine maschinelle Verstellung der Läpphülsen
nicht vorhanden ist.

Bei der *Außenrundbearbeitung* mit Außenläppdornen ist in ähnlicher Weise
zu verfahren. Die Werkstücke sind mit Halteeinrichtungen (Abb. 91) so innerhalb
der Außenläpphülse zu führen, daß auch hier wieder die richtigen Überlaufbewegun-

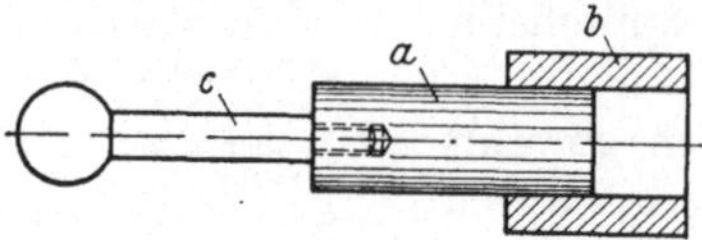

Abb. 91. Anordnung zur Führung eines
außen rund zu lappenden Werkstuckes.
a Werkstück; *b* Lapphulse, *c* Vorrichtung.

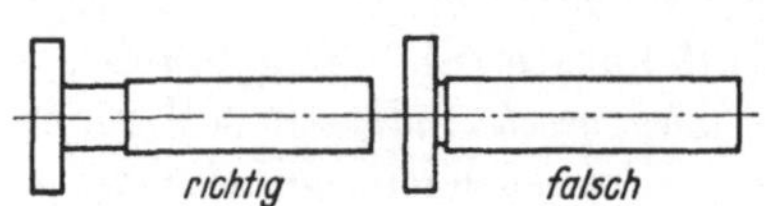

Abb. 92. Richtig und falsch
konstruiertes Werkstuck zum
Außenrundläppen.

gen der Läpphülse zum Werkstück erreicht werden. Bei abgesetzten Werkstücken
sind breite Einstiche erforderlich (Abb. 92), damit die Läpphülse *Überlaufmöglich-
keit* hat und dadurch zylindrische Werkstücke läppen kann.

Bei Werkzeugen mit innerer, maschineller Verstellung des Läpphülsendurch-
messers ist die Arbeitsweise einfach und vor allen Dingen schnell, da Arbeitspausen
durch das Aufweiten mit Amboß in Wegfall kommen. Die Durchmesserverstellung
geschieht mittels Fußhebel, so daß beide Hände frei bleiben. Die Größe der Bei-
stellung je Fußhebelbetätigung ist an einem Rastenhebel einstellbar. Wird die
Nachstellung zu groß, so läßt sich das Werkstück von Hand nicht mehr halten.
Die Maschine wird dann sofort ausgeschaltet, was mit einem kniebetätigten Hebel
erfolgt, um dann das Werkzeug durch Zurückschlagen der vorne herausragenden
Nadel wieder zu verkleinern. Dadurch wird das Werkstück wieder frei beweglich.
Die nach Fertigstellung eines Werkstückes gefundene Einstellung des Handrades
wird durch einen Skalenschieber festgehalten und nun von Stück zu Stück die
gleiche Einstellung wieder erreicht und um einen kleinen Betrag überschritten,
der der Abnutzung der Läpphülse entspricht. Diese notwendige Vergrößerung ist
ein Erfahrungswert, der schnell gewonnen wird und bei gleichartigen Werkstücken
stets gleichbleibend ist.

Bei der bisher beschriebenen Arbeitsweise war vorausgesetzt, daß die Führungslänge der Werkstücke groß im Verhältnis zum Durchmesser ist, beispielsweise
nicht unter $L = d$. Es müssen oft aber auch Werkstücke geläppt werden, deren
Führungslänge sehr kurz ist,
wie beispielsweise die große
Bohrung von Pleuelstangen
(Abb. 93).

Bei diesen Arbeiten muß
der Schwinghub der Läppspindel ausgeschaltet werden, sie

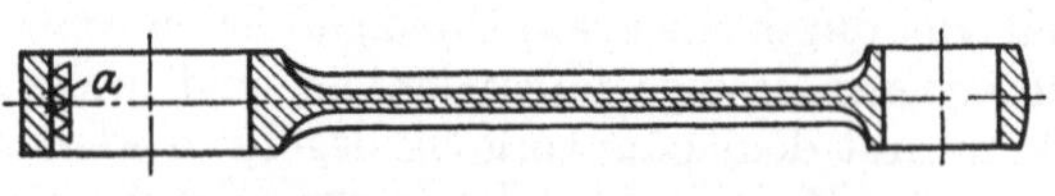

Abb. 93. Innen zu lappendes Werkstuck mit kurzer
Fuhrungslange. *a* zu lappende Fläche.

darf also nur eine Drehbewegung ausführen. Die Ausschaltung des Schwinghubes ist an einem Handgriff leicht möglich. Auch bei Sacklochbohrungen oder
abgesetzten Wellen mit nicht sehr breitem Einstich muß ohne Schwinghub geläppt
werden. Nötigenfalls wird auch die Läpphülse in ihrer Läpplänge verkleinert,
damit gleichmäßige Zylinder — Innen- wie Außenzylinder — erzielt werden.

b) Maschinen mit senkrechter Läppspindel. Während die Läppbearbeitung von Innen- und Außenzylindern auf der waagerechten Lappmaschine verhaltnismäßig einfach ist, weil die Werkstücke von Hand gehalten werden, werden bei senkrechten Maschinen die Werkstücke pendelnd eingespannt und die Läppwerkzeuge pendelnd aufgehängt. Solche Maschinen müssen daher sehr genau eingestellt werden.

Vor Beginn des Läppvorganges wird an Hand der Werkstücke und der Läpphülse ausgemessen, wie weit die Lapphülse bei dem zu wählenden Schwinghub an beiden Seiten der Bohrung überlaufen soll. Das Werkstück wird nun in einer Aufspannvorrichtung aufgenommen. Bei dieser ist es wichtig, daß sie unter Zuhilfenahme eines Zentrierwerkzeuges genau auf Mitte Spindel eingestellt wird, damit die Pendelbewegung möglichst klein bleiben kann. Der Läppdorn mit der Läpphülse wird nach Ausschaltung der Drehbewegung langsam nach unten gefahren, bis die tiefste Läpphülsenlage zum Werkstück erreicht ist. In dieser Stellung wird der Steuerhebel auf „Aus" gestellt und der Anschlag in der Maschine (Abb. 60) mit dem Handrad so lange gedreht, bis er gegen den Bund auf der Läppspindel kommt. Hierdurch ist die tiefste Stellung der Läppspindel begrenzt und es kann auch mit Schwinghub keine tiefere Stellung mehr erreicht werden. Nun wird das Werkstück mit der Vorrichtung aus der Maschine herausgezogen und in der Anschlageinrichtung unter dem Werkstück der Amboß eingesetzt und bis zum Anschlag an der Läpphülse gebracht und dann um etwa $^1/_{10}$ mm zurückgedreht. Damit ist die Grundeinstellung der Maschine gefunden. Wenn mit dem Handrad die tiefste Stellung des Läppdornes spater wahrend des Betriebes tiefer gelegt wird, stößt die Läpphülse gegen den Amboß und wird auf dem Läppdorn hochgeschoben. Dabei erweitert sie sich in ihrem Durchmesser, ohne aber ihre Lage gegenüber dem Werkstück zu verändern.

Nun kann die Bearbeitung der Werkstücke beginnen. Diese werden in die Spannvorrichtung genommen, die Läpphülse mit Läppmittel bestrichen und unter Drehbewegung, aber ohne Schwinghub, langsam in das Werkstück eingeführt, und zwar bis in die tiefste Stellung. Daraufhin kann der Schwinghub eingeschaltet werden.

Durch Aufweiten wird der Durchmesser der Lapphülse so verstellt, daß sie ständig eine Läppwirkung ausübt und die Bohrung erweitert, bis das gewünschte Maß erreicht ist.

Auf zwei Dinge ist besonders zu achten. Zwischen Läpphülse und Werkstück muß stets ein Läppmittelfilm erhalten bleiben, der durch zu starkes Aufweiten zerstört werden kann. Dann reibt die Lapphülse metallisch in der Bohrung, erweitert diese nicht, sondern erzeugt nur Warme. Es ist also zu beachten, daß die Werkstücke nicht übermäßig warm werden. Der Lappmittelfilm zwischen Werkstück und Werkzeug muß aber auch so dünn scin, daß dic Bohrung dic Form dcr zylindrischen Lapphülse annehmen kann. Das wird aber nur erreicht, wenn nicht zu viel Läppmittel an die Hülse gebracht wird, da es sonst ungleichmaßig um diese herum die Bohrung ausfüllt und Formfehler am Werkstück zur Folge haben kann.

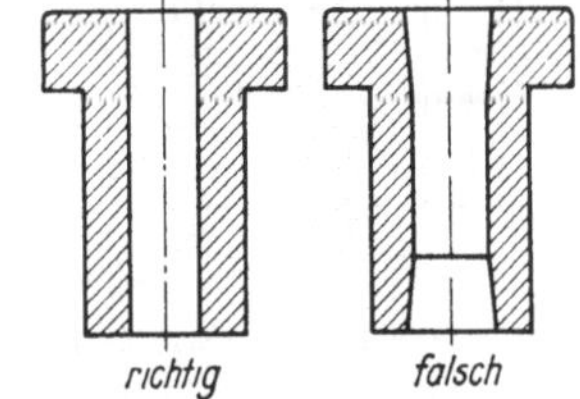

Abb 94 Richtig und falsch gelappte Bohrungen. Vorweiten an den Enden mussen vermieden werden.

Wird bei Zwischenmessungen festgestellt, daß an dem Werkstück *Vorweiten* (Abb. 94) entstehen, daß dieses also oben und unten zu weit wird, muß der Schwinghub anders gelegt werden. Entsteht die Vorweite unten, so wird der Schwinghub im Ganzen nach oben verlegt, da unten eine zu starke Läppwirkung eintritt. Erscheint eine Vorweite oben, so muß der Schwinghub tiefer gelegt werden. Eine Verlagerung des Schwinghubes kann durch Verstellung der Spindel und des Ambosses in gleicher Richtung und um das gleiche Maß vorgenommen werden, ohne daß sich sonst an der Einstellung etwas ändert.

Beim Übergang von einem fertigen Werkstück auf ein neues, das zunächst eine engere Bohrung hat, muß die Läpphülse in ihrem Durchmesser verkleinert werden. Hierzu wird mit dem Handrad die Spindelstellung höhergelegt und mit der Abdrückmutter am Läppwerkzeug die Läpphülse von dem Kegel heruntergeschoben. Dann kann der gleiche Vorgang wieder beginnen. So lassen sich Bohrungen höchster Genauigkeit läppen, die hinsichtlich ihrer Kreisgenauigkeit oder Zylindrizität mit keiner anderen Bearbeitungsmethode so genau erzielt werden können.

V. Läppergebnisse.

Der Arbeitsgang Läppen kann nach den bisherigen Ausführungen bei sehr vielen Werkstücken maschinell auf besonders dafür entwickelten Läppmaschinen durchgeführt werden. Zwei Fragen sind nun für den Fertigungsingenieur von besonderer Bedeutung:

die benötigte Arbeitszeit und
die erreichbare Werkstückgenauigkeit.

21. Die Arbeitszeit hängt ab von dem Werkstoff des Werkstückes, von der Bearbeitungszugabe, d. h. von der Materialmenge, die bei dem Läppvorgang abgenommen werden muß, von der Größe der zu läppenden Fläche, von der verlangten Oberflächengenauigkeit und einigen anderen Erscheinungen. Der Einfluß der im einzelnen aufgeführten Größen ist ohne weiteres verständlich. Je mehr Material von einer Läppfläche abgenommen werden muß, um so länger wird die Läppzeit. Dabei wird die Materialabnahme, der Abschliff, mit zunehmender Läppdauer kleiner, weil durch die Verfeinerung der Oberfläche infolge der Kornzersplitterung die Materialabnahme geringer wird, wie Abb. 95 zeigt. Die Kurve für den Abschliff wird dabei immer flacher, je feiner das Läppmittel ist. Ähnliche Verhältnisse

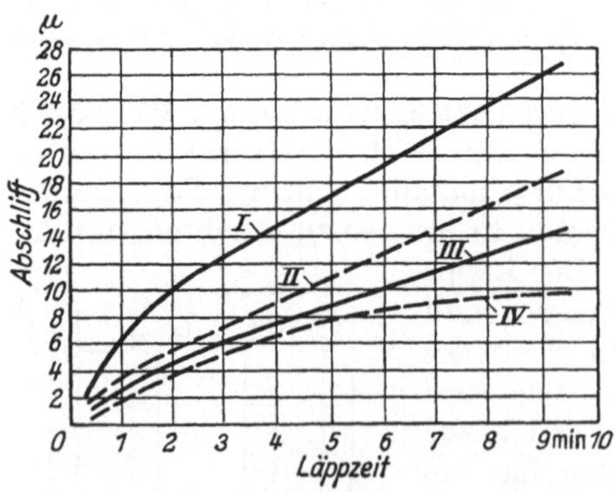

Abb. 95. Größe des Abschliffs im Laufe der Läppzeit.

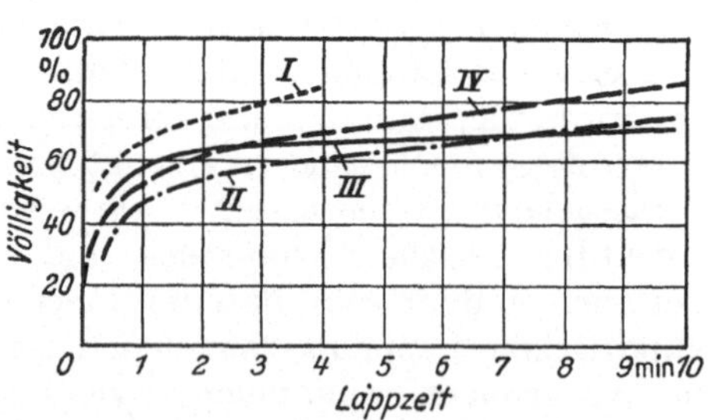

Abb. 96. Völligkeit der geläppten Fläche in Abhängigkeit von der Läppzeit (vgl. Abb. 71)

findet man bei dem Völligkeitsgrad (Abb. 96). Wie schon Abb. 71 zeigte, nimmt die Völligkeit einer Fläche bei Beginn des Läppens sehr schnell, dann aber immer langsamer zu, was sich aus der immer größer werdenden Läppfläche erklärt.

Infolge der vielen verschiedenen Einflüsse, die die Arbeitszeit bestimmen, lassen sich keine festen Zeitangaben hierfür schaffen und, etwa ähnlich wie beim

Drehen, zusammenstellen. Für eine bestimmte Arbeits*aufgabe* lassen sich jedoch genaue Zeiten ermitteln und als Kalkulationsgrundlage festlegen, so daß ein regelmäßig oder in Abständen wiederkehrendes Werkstück einwandfrei im Akkord gelappt werden kann. Leistungskurven für derartige bestimmte Werkstücke zeigt Abb. 97 für das Planparallellappen von Kolbenringen, Abb. 98 für das Läppen kleiner Bohrungen in gehärtetem Stahl und Abb. 99 für das Läppen großer Bohrungen in Gußeisen. In gleicher Weise lassen sich für andere Arbeitsaufgaben Leistungskurven ermitteln.

Die Zahl der Leistungsuntersuchungen an Läppmaschinen ist erst sehr gering. Erwähnt sei hier eine Arbeit auf *Flachläppmaschinen*[1] von Prof. PAHLITSCH an

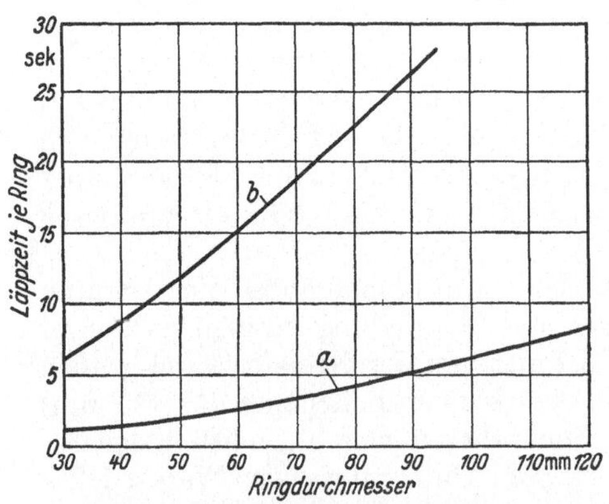

Abb. 97. Leistungsdiagramm fur das Läppen von Kolbenringen. *a* vorbearbeitete Ringe, Spanabnahme = 0,1 mm; *b* roh gegossene Ringe, Spanabnahme = 0,6 mm.

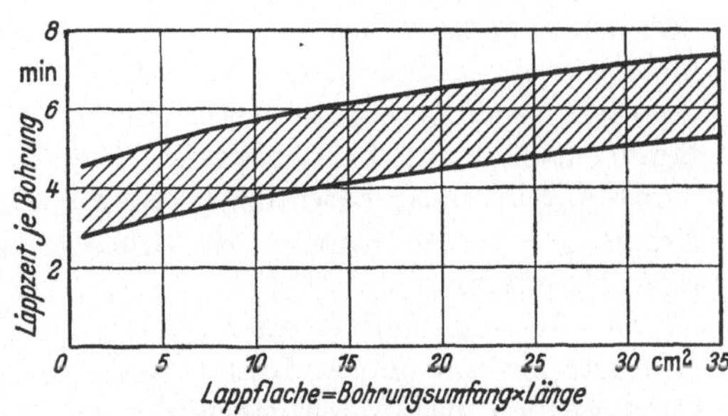

Abb. 98. Leistungsdiagramm für das Läppen von Bohrungen in gehärtetem Stahl. Spanabnahme = 0,03 mm.

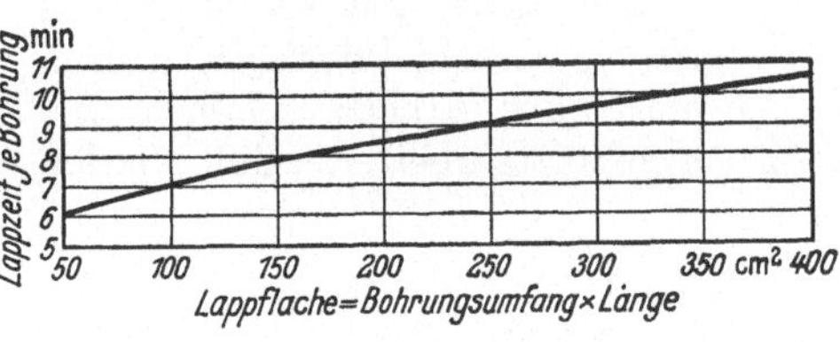

Abb. 99. Leistungsdiagramm für das Lappen von Zylindern aus Gußeisen. Spanabnahme = 0,03 mm.

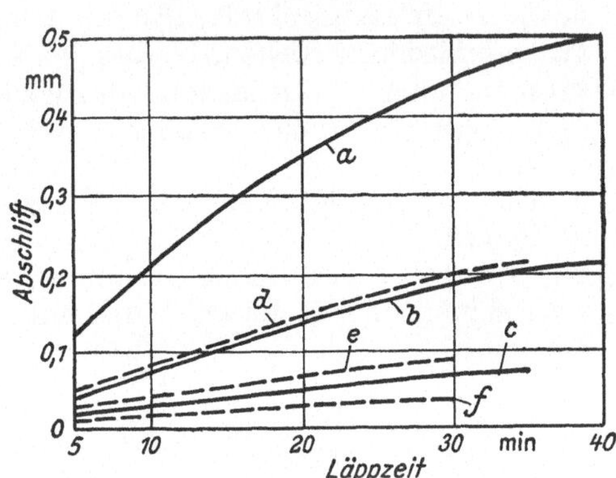

Abb. 100. Läppen von Glas.

Glas-sorte	Lappmittelkörnung		
	120	200	5 min
SF 6	a	b	c
BK 7	d	e	f

der Technischen Hochschule Braunschweig, bei der die Zusammenhänge zwischen den Werkstückbewegungen, der Materialabnahme und dem erreichten Völligkeitsgrad untersucht wurden. Dieser Arbeit sind auch die Abb. 71, 95 und 96 entnommen. Auf ein Leistungsdiagramm, das die Läppleistung beim Bearbeiten von *Glas* darstellt (Abb. 100) sei noch besonders verwiesen. Auch hier zeigt sich, wie der Abschliff in der Zeiteinheit infolge steigender Völligkeit abnimmt.

22. Die erreichbare Werkstückgenauigkeit hängt ab von dem Läppverfahren, dem verwendeten Läppmittel und der aufgewendeten Arbeitszeit. Wichtig ist, daß nur eine sparsame Läppmittelzugabe erfolgt, damit kein Kantenabfall bzw.

---

[1] Schleif-Industrie-Kalender 1941.

keine Vorweiten in Bohrungen entstehen. Diese sparsame Zugabe von Läppmittel entspricht auch den schon erwähnten Tatsachen, daß eine erhöhte Läppmittelmenge keine Steigerung, sondern im Gegenteil eine Verringerung der Läppleistung bringt.

Beim *Planläppen* lassen sich unter der Voraussetzung regelmäßiger Pflege der Läppscheibe Ebenheiten erzielen, die ohne Nacharbeit gegen Gas, Petroleum und ähnliches abdichten, also Ebenheiten, die den Anforderungen an die praktische Fertigung entsprechen.

Beim *Planparallelläppen* ist der verbleibende Planparallelitätsfehler abhängig von der Größe des Werkstückes und dem Läppverfahren. Bei Werkstücken, die ihrer Größe nach auf den gebräuchlichen Zweischeiben-Läppmaschinen planparallel bearbeitet werden können, lassen sich stets Planparallelitätsfehler von weniger als $5\,\mu$, gewöhnlich in der Größenordnung von $2\cdots3\,\mu$ einhalten. Dieser Planparallelitätsfehler läßt sich auf diesen Maschinen bis auf $1\,\mu$ verringern und auf Sondermaschinen, beispielsweise für Endmaße, auf die Größenordnung von $0{,}05\cdots0{,}1\,\mu$. Betriebserfahrungen an einer solchen Maschine haben während einer Arbeitszeit von 6 Monaten die Einhaltung eines Fehlers von $0{,}05\,\mu$ als praktisch möglich erwiesen.

Innen- und Außenrund-Läpparbeiten an der Läppspindel unter Verwendung von Läpphülsen einwandfreier Konstruktion und Herstellung können so ausgeführt werden, daß die Abweichung im Querschnitt von der Kreisform bei großen Bohrungen in der Größenordnung unter $4\,\mu$, bei kleinen Bohrungen ($5\cdots10$ mm) in der Größenordnung unter $1\cdots2\,\mu$ liegen. Die Arbeitsfehler hinsichtlich der Genauigkeit im Längsschnitt, also der Abweichung der Durchmesser des Werkstückes an verschiedenen Stellen, bleiben bei einwandfreier Arbeitsweise in der Größenordnung unter $1\cdots2\,\mu$. Es muß aber nochmals darauf aufmerksam gemacht werden, daß Vorweiten durch sparsame Verwendung von Läppmittel vermieden werden müssen.

Die Genauigkeit und auch die erzielbare Oberflächengüte bleiben vor allem in Grenzfällen höchster Anforderungen eine Frage der Geschicklichkeit, wohingegen die oben genannten Genauigkeiten im gewöhnlichen Arbeitsverfahren mit einer gebräuchlichen Maschine und mit einem Durchschnittsarbeiter erzielt werden können.

(Fortsetzung 4. Umschlagseite)